Mofetten

Kalter Atem schlafender Vulkane

Hardy Pfanz

Nationaler Geopark
VULKANLAND EIFEL

Deutsche Vulkanologische Gesellschaft

Meinem Bruder, Ludger Pfanz, zum 50. Geburtstag gewidmet.

Herausgeber: Deutsche Vulkanologische Gesellschaft e. V.
Brauerstraße 5
56743 Mendig
Telefon: 0 26 52 / 42 42
Internet: www.vulkane.de
E-Mail: dvg@vulkane.de

RVDL-Verlag, Köln 1999
Postfach 210924, 50679 Köln

ISBN 978-3-86526-036-9

Druck: Druckerei Hachenburg GmbH, Saynstraße 18, 57627 Hachenburg

Bild Titel: Schaummofette „Eule“ in Tschechien, Foto: H. Pfanz
Bild Rücktitel: Regenbogen am Laacher See, Foto: R. Hippchen

Vorbemerkung

Pflanzen und ihre Reaktionen und Anpassungen sind viel spannender als man gemeinhin glauben mag. Obschon sich Lieschen Müller den klassischen Botaniker noch immer in abgewetzten Cordhosen, behütet mit einer völlig aus der Mode geratenen Kopfbedeckung und mit der charakteristischen Botanisiertrommel durch Sümpfe und Moore streifend vorstellt, haben sich die botanischen Wissenschaften in den letzten Jahrzehnten enorm weiterentwickelt. Neben der rein qualitativen Beschreibung der Pflanzen und ihrer Umwelt ist man nun zu hoch-quantitativen Verfahren und ausgefeilten Techniken übergegangen.

Seit langem schon fragt man nach den ursächlichen Zusammenhängen zwischen der belebten und unbelebten Umwelt und dies sowohl im Labor als auch im Freiland. Ausgesprochen spannend ist in diesem Zusammenhang die Auseinandersetzung mit den Phänomenen der Anpassung von Pflanzen an Extremstandorte. Ein solcher Standort, dem in jüngerer Zeit immer mehr Aufmerksamkeit gewidmet wird und an dem die botanischen Wissenschaften maßgeblich mitarbeiten, sind Standorte vulkanischer, gasförmiger CO_2-Exhalationen – **die Mofetten**. In enger Zusammenarbeit mit vielen Geologen, Vulkanologen, Sedimento- und Pedologen, Geochemikern und Geophysikern bearbeitet die Biologie derzeit diese spannenden Standorte – und die Erkenntnis nimmt entsprechend zu. Die Befunde, die Erklärungen und die offenen Fragen dieser Zusammenarbeit sind Inhalt des vorliegenden Büchleins. Möge die Lektüre sowohl lehrreich und spannend als auch motivierend sein.

Wenn der geneigte Leser nach der Lektüre in gleichem Maße botanophile sowie vulkanophile Neigungen zeigen sollte, hätte der Autor sein gesetztes Ziel erreicht.

Dülmen, im Frühjahr 2008 Hardy Pfanz

Danksagung

Der Deutschen Vulkanologischen Gesellschaft und ihrem Vorsitzenden, Landrat Albert Berg Winters, sei Dank für die Ermunterung, ein solches Büchlein zu schreiben und für die vielen Türen, die mir ob des unglaublichen Bekanntheitsgrades von Herrn Heinz Lempertz geöffnet wurden. Herzlichen Dank auch an die Firma CARBO Kohlensäurewerke GmbH & Co. KG, die Kreissparkasse Mayen und die Geysir.info gGmbH Andernach, für die großzügige finanzielle Unterstützung. Pater Basilius Sandner von der Benediktinerabtei Maria Laach sowie dem gesamten Kloster ganz herzlichen Dank für den Zugang zum Archiv und die vielen Hilfen während der Erstellung des Bändchens. Meinem Vater, Herrn Gerhard Pfanz, schulde ich Dank für das Lesbarmachen und die nervenzehrende Übersetzung der in Sütterlin handschriftlich aufgezeichneten Gerichtsakte über Gasbohrungen im Brohltal/Eifel. Prof. Dr. Dominik Vodnik, Prof. Dr. Franc Batiĉ (Universität Ljubljana, Slowenien) sowie Dr. Antonio Raschi (Florenz) sei Dank für die hervorragende Kooperation bei der Bearbeitung slowenischer und italienischer Mofetten. Herrn Dipl.-Ökol. und Forstassessor Frank Saßmannshausen schulde ich Dank für die exzellente Bestimmung von Mofettenpflanzen inkl. der exakten Determination manch heikler *Carex*-Arten während unserer Messkampagnen. Frau Dr. Wittmann hat bei den ökophysiologischen Messungen in Slowenien und Tschechien trotz der permanenten Angriffe bösartiger Stechmücken exzellente Arbeit geleistet. Den letztgenannten sei auch Dank für das Korrekturlesen des Textes. Prof. Dr. Wolfgang Oßwald (TU München) und Dr. Wieland Gsell danke ich für die Organisation einer Mofetten-Expedition ins fränkische Sinntal und die praktische Unterstützung bei schweißtreibenden Bohrungen. Herrn Dr. Brodkorb sei Dank für die Überlassung des Photos der Jesuitenvilla und die Hilfe bei der Literaturrecherche. Herrn Ing. Kurt Degen herzlichen Dank für die wertvollen Tipps und die Überlassung von Daten. Dr. Horst Kämpf (GFZ Potsdam), Dr. D. Meyer (ehemals Universität Duisburg-Essen) und Dr. Jens Heinicke (Sächsische Akademie der Wissenschaften; Universität Freiberg) für die Führungen durch deutsche, italienische und tschechische Mofettengebiete, die Preisgabe der Lokation von wirklich bedeutenden „Kämpfschen Geheimmofetten“ und das kritische Korrekturlesen mancher Textpassagen. Der Firma Carbo und vor allem ihrem Geschäftsführer, Herrn Dr. Kraus sei Dank für eine Werksführung und das Zurverfügungstellen alter Photographien. Auch Herrn

Wichtiger Hinweis
Mofetten sind gefährliche Standorte, deren Erforschung genaue Kenntnis der geologischen sowie physikalisch-chemischen und klimatischen Faktoren voraussetzt. Vor eigenständigem Suchen und Erforschen von Mofetten sei hier ausdrücklich gewarnt! Meiden Sie vor allem die Nähe des Bodens. Knien und legen Sie sich auf keinen Fall hin. CO_2-Gas ist schwerer als Luft. Es besteht Lebensgefahr!

R. Hippchen herzlichen Dank für manch schönes Photo. Herr Schürenberg hat in manch nächtlicher Arbeit die 2- und 3-D-Darstellungen der Gasgehalte in Böden angefertigt. Dank auch an die tapferen Lehrerinnen Nina Hennigfeld, Maria Höher, Eva Kölbach und Nicole Greiß, die trotz Schneegestöbers und Temperaturen unter Null Grad, mehrere hundert Messungen am Ufer des Laacher Sees sowie im tschechischen Plesna-Tal durchführten. Herzlichen Dank der Familie Vavra (Hotel Bronzovy Dukat, Milhostov) für Rat und Tat.

Meiner Arbeitsgruppe, namentlich Dipl.-Umweltwiss. Sabine Flohr, Dipl.-Ing. Christa Kosch, Sabine Kühr, Alfred Lenk, LAA Janne Mombour und Angelika Zimmermann gebührt Dank für die exzellente Mitarbeit.

Frau Bibl.O.-Rätin Hildegard Finke (Universität Duisburg-Essen) sei Dank für ihr Interesse und die unermüdliche Hilfe beim Recherchieren nach geeigneter Literatur. Den Kollegen Professor Dr. Klaus Heide, Prof. Dr. Lothar Viereck-Götte, Prof. Dr. Georg Büchel (alle Universität Jena), Dr. Christina Flechsig (Leipzig) und PD Dr. Volker Tank (Deutsche Luft- und Raumfahrttechnik DLR, Oberpfaffenhofen), Dr. U. Koch (Sächsische Akademie der Wissenschaften; Außenstelle Bad Brambach), Dr. Bohumir Lomsky (VULHM, Prag), Dr. Elena Paoletti, Prof. Dr. Franco Tassi, Prof. Dr. Orlando Vasselli (alle Florenz), Dr. Walter D'Alessandro (Palermo), Prof. Dr. Tsanyao Frank Yang (Taipeh), Prof. Dr. D. Parker und Dr. P. Padgett (UCR, Riverside) und den vielen hier versehentlich nicht erwähnten Kollegen sei Dank für ihre aktive Mithilfe, ihre wertvollen Informationen aber auch für ihre anfängliche Skepsis gegenüber in fremden Territorien wildernden Botanikern.

Dank an die Druckerei Hachenburg (Herren Roland Schütz und Andreas Reifenrath) für Aufgeschlossenheit und Einfühlungsvermögen.

Und last but really not least herzlichen Dank meiner Frau und meinen Kindern für Kritik und Korrekturen sowie für die Geduld und das uneingeschränkte Verständnis für manch unverständliches Verhalten von Mann und Vater.

Inhaltsverzeichnis

1. Einführung

Bei einer Wanderung durch vulkanische Gebiete, wie beispielsweise durch die Ost-Eifel, kann man allenthalben Mofetten entdecken. Kleinere tote Tiere, das Fehlen der Pflanzendecke oder ungewöhnliche Wuchsformen von Pflanzen sind häufig untrügliche Zeichen dieser vulkanischen Ausgasungserscheinungen. Hat man solche Stellen gefunden, dann ist jedoch Vorsicht geboten. Kinder sind an die Hand zu nehmen, Hunde anzuleinen und die direkte Nähe zum Boden ist zu meiden. Doch keine Panik, Mofetten sind nur dann wirklich gefährlich, wenn man nicht weiß, mit welchem Phänomen man es hier zu tun hat und wie man sich schützen kann.

2. Was sind Mofetten – und was nicht?

In vielen Lexika werden Mofetten als „Ausströmungsstellen von Kohlendioxid in vulkanischem Gebiet" definiert (e.g. Hermann et al. 1985). Der Name **Mofette** leitet sich vom italienischen Wort *mofeta* ab. Dieses stammt vom lateinischen *mefitis* oder *mephitis* und bedeutet soviel wie „schädliche Ausdünstung der Erde" (Stowasser 1994). Im alten Pompeji wurde die Göttin Mefitis, eine *Dea odoris gravissimi et pestiferi* also eine „Göttin der üblen und schädlichen Gerüche" verehrt (Ziegler und Sontheimer 1979, Fink 1993). Eines der bekanntesten italienischen Mofettengebiete *„Mefite D'Ansanto"* bei Rocca San Felice ist nach dieser Göttin benannt. Auch in die Zoologie ist diese Bezeichnung übernommen worden; so heißt das Gestreifte Stinktier wissenschaftlich *Mephitis mephitis*.

Abb. 1: Mefite D'Ansanto in Italien. Ein heiliger Hain in dem der Göttin Mefitis geopfert wurde. Aufnahme: Dr. J. Heinicke.

Mofetten sind lokal begrenzte Gebiete geogener CO_2-Ausgasungen (Exhalationen). Sie weisen immer einen Bezug zu rezenten oder postvulkanischen Erscheinungen oder zu metamorphen Prozessen in Karbonatgesteinen auf. Man findet sie deshalb in der Nähe von tiefreichenden Störungszonen, tektonischen Plattengrenzen und in Gebieten rezenter Vulkantätigkeit (z. B. Nord-West-Böhmen; Geissler et al. 2005, Kämpf et al. 2005). Das Kohlendioxid entstammt Magmakammern des Erdmantels oder der Erdkruste bzw. wird bei der Metamorphose von Kalkgesteinen gebildet. An der Erdoberfläche wird es entweder als trockenes Gas/Gasgemisch oder – in Wasser gelöst – als Säuerling freigesetzt. Die Gasemissionen selbst sind kalt. Kommt das Gas durch Klüfte und Spalten oder feinste Bodenrisse an die Oberfläche, ist die Mofette ohne entsprechende Gasmessgeräte als solche nur sehr schwierig zu erkennen. Tritt das Gas aber durch Oberflächenwässer (Pfützen, Tümpel, Quellen, Bäche, Seen) zutage, so kann es leicht an den vielen Gasbläschen erkannt werden (vgl. Mofetten am Ostufer des Laacher Sees). Der CO_2-Fluss an die Erdoberfläche kann periodisch fluktuieren und wird durch Witterungsereignisse beeinflusst (vgl. auch Dressel 1871), ist jedoch auf lange Sicht relativ stabil. Die in bis zu 100 cm Bodentiefe zu messenden CO_2-Konzentrationen variieren zwischen 2% und 100%; mit zunehmendem CO_2 nimmt der Sauerstoffgehalt im Boden entsprechend ab. Für Tiere und Menschen ist schon ein geringer Anstieg der CO_2-Konzentration im Prozentbereich lebensgefährlich. Einige Pflanzen gedeihen dagegen an Mofettenstandorten recht gut. Bestimmte Seggen- (*Carex*) und Binsenarten (*Juncus*) sowie Schilfrohr (*Phragmites*) tolerieren mittelfristig sogar bis zu 100% CO_2 in Boden und Atmosphäre. In manchen Gebieten (Eifel, Toskana, West-Tschechien) kann man Mofetten schon aus einiger Entfernung an der Vegetation erkennen. Wegen der spezifischen Absorption von Infrarot-Strahlung durch CO_2 und seiner größeren Dichte gegenüber Luft, kann man an einigen in Talsenken gelegenen Mofetten Treibhaus-Effekt-Studien betreiben.

Kein geringerer als Alexander von Humboldt schildert in seinem Kosmos (1845) unter *„II. Reaction des Inneren der Erde gegen die Oberfläche; sich offenbarend: c) durch den Ausbruch eleastischer Flüssigkeiten, zu Zeiten von Erscheinungen der Selbstentzündung begleitet (Gas- und Schlammvulkane, Naphta-Feuer, Salsen); „* derartige Erscheinungen. Hier beschreibt er die Mineralquellen und Säuerlinge nebst der geogenen Freisetzung von Kohlensäuregas und spekuliert darüber, ob diese Erscheinungen direkt oder indirekt mit Vulkanismus verbunden sein könnten. Er erwähnt auch Experimente, in denen er die feuerlöschende Wirkung vulkanischer Gase mit Hilfe kleiner Wachskerzen untersuchte. Weitere wissenschaftliche Erwähnung finden Mofetten in den Arbeiten von Dechen (1864), Nöggerath (1870) sowie Dressel (1871) und Steinbach (1880 resp. 2002). Doch findet man die ausführliche Diskussion um das eigentliche Mofettengas, das „mephitische Gas“, schon bei Gehler (1789):

„Von Natur aus findet sich die fixe Luft in Gruben, Hölen, Brunnen und anderen Plätzen, denen der Luftzug mangelt, wo sie durch natürliche Gährung oder Verbrennung, z. B. in der Nachbarschaft der Vulkane, Kiese u. dgl. entstehen kann. Schon seit Jahrhunderten kent man die Hundsgrotte (Grotta del cane) bey Neapel ...".

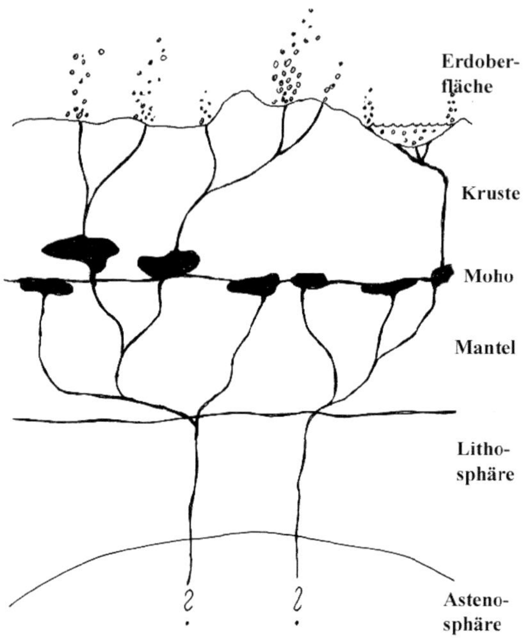

Abb. 2: Schematische Darstellung von Mofetten; nach Kämpf et al. 2005 und anderen Autoren; leicht verändert.

In entgasenden Böden korreliert die Konzentration des lebenswichtigen Sauerstoffes gut mit der Konzentration des geogenen CO_2. Je höher die CO_2-Konzentration der Bodenluft, desto geringer ihr Sauerstoffgehalt. Organismischem Leben an und in Mofetten sind also sehr enge Grenzen gesetzt. Pflanzen und Bakterien die in Mofettengebieten vorkommen, müssen daher über spezielle Anpassungen verfügen, um an diesem lebensfeindlichen Extremstandort überleben zu können. Tieren bleibt ein Zugang zu diesen Gebieten verwehrt. Wagen sich trotzdem Tiere zu den Ausgasungsstellen vor, sterben sie innerhalb weniger Minuten (Sauerstoffmangel, Ansäuerung des Blutes). Man findet ihre in charakteristischer Weise längere Zeit unzersetzt bleibenden Leichen häufig in Mofettennähe (Abb. 3)

Abb. 3: Tote Katze und auf ihr verendete Taube in einer Talmofette.

Das Ausströmen von CO_2 in Mofetten geschieht weder gleichförmig noch gleichmäßig. An einigen Stellen ist die Ausgasung verstärkt, an anderen geringer oder nicht messbar. Diese Inhomogenität der CO_2-Ausgasungen innerhalb eines Mofettenfeldes zeigt die Abb. 4 für eine Wiesenmofette im Westen Tschechiens. Deutlich sind die eigentlichen Ausgasungszentren (Vents) zu erkennen. Direkt daneben kann die Freisetzung von CO_2 schon wesentlich geringer sein. Das CO_2 kann durch kleine oder größere, gut sichtbare Löcher im Boden ausgasen (Abb. 5) oder weniger spektakulär durch kleine Risse oder Spalten im Boden an die Oberfläche gelangen. Was bei trockenem Wetter noch ungefährlich aussieht und sich nur durch ein etwaiges leichtes Pfeifen verrät, kann sich nach einem Regenguss als überall ausgasendes Mofettenfeld herausstellen. Durch die sich durch den Regen in Bodennähe bildende Wasserschicht muss das Gas nun in Form von Bläschen hindurch blubbern und wird so leicht erkannt.

Randnote

Andere Bezeichnungen für Mofetten, manchmal auch falsch benutzte Termini (e.g. Fumarole, Solfatare) sind „natürliche CO_2-Ausgasungen" (engl. natural carbon dioxide springs NCDS), geogene CO_2-Exhalationen, geothermale Ausgasungen, diffuse CO_2-Emissionen, trockene Kohlensäureaustritte, Kohlensäurequellen, vulkanische Gasaustritte und Gasvulkan.

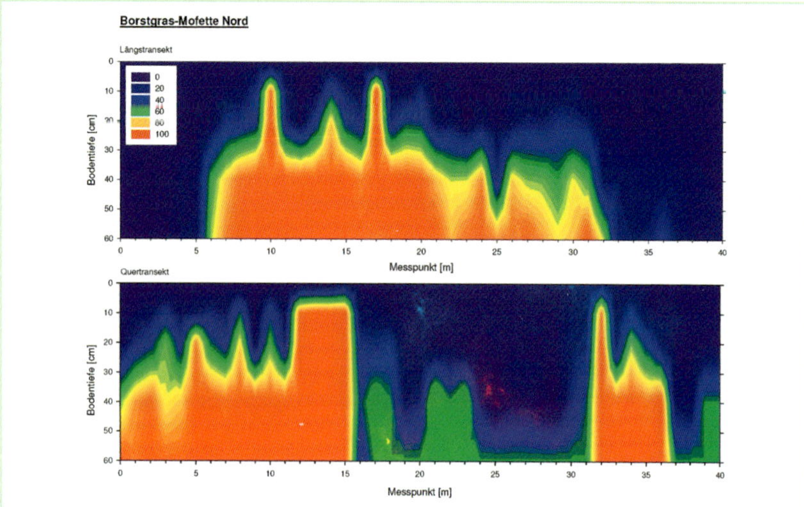

Abb. 4: CO_2-Konzentration in verschiedenen Bodentiefen eines Wiesentranssektes in Westtschechien. Die Konzentrationen können in der oberen Teilabbildung abgelesen werden (in % CO_2).

Abb. 5: Cucina del Diabolo (Küche des Teufels). Größeres Mofettenloch auf einem Acker bei Florenz. In dem Loch gluckst und blubbert das CO_2-Gas durch das Grundwasser.

2.1 Solfataren, Fumarolen, Geysire

Nach der Art der vulkanischen Gase unterscheidet man verschiedene Entgasungstypen. **Mofetten** sind von anderen gasförmigen, vulkanischen Exhalationen zu differenzieren, können aber auch in diesen oder mit diesen zusammen vorkommen. Mofetten emittieren Kohlendioxidgas (CO_2). Schwefel emittierende Gasquellen werden **Solfataren** (*sulfur, sulp(h)ur* = lat. Schwefel) genannt und zwar unabhängig davon, ob der Schwefel in seiner oxidierten Form als Schwefeldioxid (SO_2) oder reduziert als Schwefelwasserstoff (H_2S) abgegeben wird (Abb. 6). Die Nase verrät dem Vorbeilaufenden allerdings sehr schnell, um welche Schwefelform es sich handelt (riecht doch Schwefelwasserstoff sehr unangenehm nach faulen Eiern). Wird heißer Wasserdampf oder Wassergas aus hydrothermalen Quellen an die Atmosphäre abgegeben, so spricht man von **Fumarolen** (*fumus* = lat. Rauch, Dampf, Dunst) (Abb. 7). Periodische Eruptionen sehr heißen, tropfbaren Wassers werden **Geysire** (*geysa* = isländ. quellen, hervorströmen) genannt. Alexander von Humboldt (1845, resp. 2004) nannte diese Erscheinung auch die „*isländischen Kochbrunnen*".

Abb. 6: Solfatarenfeld am Rande eines Nebenkraters des Ätna. Die Abscheidungen elementaren Schwefels auf der Oberfläche sind gut zu erkennen.

Abb. 7: Fumarolen auf Island.

Auch bei den eigentlichen Ausbrüchen von Vulkanen werden große Gas- und Wassermengen eruptiert. In Eruptionswolken von Vulkanen besteht die mittlere Gaszusammensetzung aus etwa 35-90 Volumenprozent Wasserdampf, 5-50% CO 2-30% Schwefeldioxid sowie wechselnden Konzentrationen an Chlor (Cl_2), Chlorwasserstoff (HCl), Fluorwasserstoff (HF), Kohlenmonoxid (CO) und Schwefelwasserstoff (H_2S) (Schmincke 2000, Simper 2005).

2.2 Mofetten und Geysire – eine interessante Kombination

Jedermann kennt Geysire und weiß, dass dabei *heißes* Wasser bis zu 150 m in die Höhe empor getrieben werden kann (e.g. Steamboat Geysir, Old Faithful, Yellowstone Natl. Park). Es gibt jedoch auch *Kaltwassergeysire*. Der nötige Druck wird hier nicht durch hohe Temperaturen, sondern durch eine hohe CO_2-Gaskonzentration erreicht. Geogen aufsteigendes Gas löst sich hier z. B. im Grundwasser einer Bohrung bis zu einer kritischen Konzentration. Durch einen Druckabfall, z. B. beim Aufstieg des Fluids, kommt es zu einer Entlösung des Kohlendioxids. Dabei werden aus zahllosen, einzelnen Bläschen, sich vereinigende Gasblasen, die die darüberstehende Wassersäule aus dem Bohrloch herausstreiben – ähnlich dem Effekt beim Öffnen einer Sektflasche. Der Geysir bei Andernach/ Namedy am Rhein ist ein exquisites Beispiel für den Gasdruck, der sich aufbauen kann, um schließlich eine bis zu 60 m hohe Wassersäule in die Höhe zu heben (Abb. 8).

Abb. 8: Der Kaltwassergeysir von Namedy. Bis zu 60 m hoch schießt die Fontäne. Aufnahme: Heinz Lempertz.

In kleinerem Maßstab vollzieht sich ein kalter, CO_2-getriebener Wasserauswurf auch am Wallenden Born (Brubbel) bei Wallenborn in der West-Eifel. Dieser kleine geysirähnliche Sauerbrunnen hebt seinen Wasserspiegel ebenfalls periodisch, jedoch nur um wenige Dezimeter. Auch hier füllen sich unterirdische Gas-Speicher mit CO_2, um sich dann relativ schlagartig zu entleeren. Dabei wird das Wasser passiv nach oben mitgerissen. May (2002) hat den Gasfluss während eines solchen Eruptionszyklus gemessen und die dabei emittierte Gesamtgasmenge berechnet. Während eines etwa einstündigen Zyklus, bei welchem die Haupteruption innerhalb von nur etwa 20 Minuten stattfand, wurden ca.11 m^3 Gas emittiert.

2.3 Wandernde Mofetten

Ein noch nicht völlig verstandener Mechanismus des Ortswechsels von Mofetten liegt bei den wandernden Mofetten von Caprese Michelangelo (toskanischer Apennin) vor. Dort untersuchen seit Jahren Dr. Heinicke und Dr. Martinelli das Phänomen von offensichtlich „mobilen Mofetten". In wenigen Jahren „wandern" die Ausgasungsstellen manchmal mehrere Meter hangauf- oder hangabwärts. Dies wurde durch Filmaufnahmen eindrücklich dokumentiert. Die Bewegung der Mofetten scheint durch lokale Erdbeben aktiviert zu werden (Heinicke et al. 2006) und ist naturgemäß auch von der Bodenbeschaffenheit sowie den Niederschlagsmengen und -intensitäten anhängig. Vermutlich sind Veränderungen in der Klüftigkeit des umgebenden Gesteins für diese Prozesse verantwortlich.

2.4 Submarine Mofetten und Schwarze Raucher

Mofettengase entströmen dem Erdboden überall dort, wo Risse und Klüfte die Gaswegigkeit erleichtern. Ausgasende CO_2-Quellen sind daher sowohl an Land als auch zu Wasser zu erwarten. Und natürlich sind viele solcher Unterwassermofetten bekannt. Man findet sie gehäuft am Ostufer des Laacher Sees, in dem Bach Plesna in West-Tschechien oder im Fluss Stavnica in Nordslowenien.
Es ist daher nicht verwunderlich, dass man auch am Meeresboden solche Austritte findet. Fährt man mit dem Schiff durch die Inselwelt der Äolischen Inseln nördlich von Sizilien, so kann man zwischen den Inseln Vulcano und Stromboli etwa auf der Höhe der kleinen Insel Panarea bei ruhiger See Aufwallungen der Meeresoberfläche beobachten. Ein Tauchgang auf etwa 15 m Tiefe gibt dann Klarheit. Man befindet sich in einem alten, inzwischen untermeerischen Vulkankrater, dessen nicht abgetragene Teile des Kraterrandes als kleine Felstürme aus dem Meer ragen. Am Kraterboden treten immer noch (oder schon wieder?) magmatische Gase aus. Wie auch an Land entströmt CO_2-Gas dem Boden und perlt zwischen den *Posidonia*-Pflanzen nach oben an die Meeresoberfläche (Abb. 9).

In diesem Zusammenhang sollte nicht vergessen werden, die submarinen „Schwarzen Raucher" (Black Smoker) zu erwähnen. Diese untermeerischen, sehr heißen hydrothermalen Fluide sind eine Mischung aus hoch mineralisierten Wässern und diversen schwefelhaltigen Gasen, welche unlösliche schwarze Ausfällungen bilden. Sie sind Ausgangspunkt für die Bildung hydrothermaler Lagerstätten, wie beispielsweise von Manganerzen. In dieser völlig lichtlosen Umgebung hat sich am Meeresboden an den Ausgasungsschloten eine unglaublich interessante, teilweise noch unbekannte Fauna und Bakterienflora entwickelt.

Abb. 9: Untermeerische CO_2-Ausgasungen vor der italienischen Insel Panarea. Der Taucher misst die freigesetze Gasmenge. Aufnahme: Prof. Dr. F. Tassi.

2.5 Schlammvulkane und Methanexhalationen

Von den Mofetten zu unterscheiden sind die Schlammvulkane (engl. mud volcanoes; vgl. Martinelli und Panahi, 2005). Hier diffundiert nicht Kohlendioxid sondern Methan (CH_4) an die Erdoberfläche. Eine wässrige, grau-schwarze, meist schlammig-tonige Masse quillt periodisch auf und entlässt blubbernd eine Methanblase an die Atmosphäre. Der kontinuierliche Auswurf von Tonmineralen und Wasser führt zu dem Aufbau eines kraterähnlichen Kegels, dessen Form schließlich zu dem etwas irreführenden Namen Schlammvulkan geführt hat. Ein solcher schlammfördernder „Vulkan" ist in den Abb. 10 und 11 am Fuße des Ätna, bzw. in Taiwan dargestellt. Schlammvulkane sind weltweit zu finden. So zeichnen sich Aserbaidschan, Indonesien, Island, Taiwan (Wu-Shan-Ding), der Yellow Stone Nationalpark in Wyoming, die neapolitanischen Campi Flegrei, aber auch die Po-Ebene durch das Vorkommen solcher Schlammvulkane aus. Die bekanntesten europäischen Schlammvulkane gibt es jedoch in Rumänien (Vulcanii Noroiosi; Bunzau-Gebirge; Ostkarpaten). Dort sind in einer vegetationslosen Mondlandschaft mehrere Hektar Land mit Schlammvulkanen übersät.

Methanausgasungen aus dem Boden sind auch in Deutschland keine Seltenheit. Aus Kohleflözen im Untergrund entweicht dieses Gas kontinuierlich. Da

Abb. 10: Schlammvulkan am Fuße des Ätna.

Abb. 11: Aufwallen eines Schlammvulkans durch aufströmendes Methan bei Wu-Shan-Ding, Taiwan.

Methan bei einem bestimmten Methan/Luft-Verhältnis mit gelb-bläulicher Flamme verbrennt (oder bei räumlicher Begrenzung auch explodiert!) ist solch eine Erscheinung auch als Ewiges Feuer (Eternal Fire, Ever Lasting Fire) bekannt. Ein weithin bekanntes, seit geraumer Zeit aber erloschenes Feuer ist aus den Lippewiesen bei Hamm in Nordrhein-Westfalen bekannt. Ein weiteres in Asien bekanntes Methanfeuer ist das Suei-Ho-Tong-Yuan-Feuer in der Nähe der Chu-You Verwerfungszone in Taiwan (siehe Abb. 12).

Abb. 12: Ewiges Feuer über einer Methanquelle; Suei-Ho-Tong-Yuan, Taiwan.

Methanausgasungen gibt es auch als Sumpfgas in Mooren und Sümpfen (Irrlichter). Die Bildung des Methans erfolgt nach Angaben mehrerer Autoren biogen durch hyperthermophile, methanogene Bakterien und Archaeen, die geogenes Kohlendioxid (CO_2) auf die Stufe des Methans (CH_4) reduzieren können (Takai et al. 2006). Neuerdings wird den erheblichen Methanfreisetzungen aus Reisfeldern und aus dem Magen-Darm-System der Wiederkäuer eine Verstärkung des anthropogenen Treibhauseffektes zugemessen.

2.6 Säuerlinge

Nicht als Mofetten, sondern als Säuerlinge bezeichnet man die Oberflächenaustritte von Wässern, die mit natürlichem CO_2 aus größeren Tiefen versetzt sind. Durch die Säurewirkung der Kohlensäure (siehe später) hat das Tiefenwasser kationische Mineralien auf seinem Weg nach oben aus den anstehenden Gesteinen herausgelöst – ein Mineralwasser ist entstanden. Ost- und Westeifel sind Paradebeispiele für Regionen mit Mineralquellen vulkanischen Ursprungs (Stoffels und Thein 2000). Die weit über Deutschland hinaus bekannten Wässer werden in dieser Region gewonnen und auf Flaschen gezogen.

2.7 Die biogene Entkalkung

Löst sich Kohlendioxid auf seinem Weg nach oben im Grundwasser, so entsteht Kohlensäure (siehe Gleichung 1). Sind gleichzeitig Alkali- oder Erdalkali-Ionen vorhanden, werden mehr oder weniger schwer lösliche Salze gebildet. Im Falle des Kalziums sind dies das schwer lösliche Kalziumkarbonat ($CaCO_3$) und das leichter lösliche Kalziumhydrogenkarbonat oder Kalziumbikarbonat ($Ca[HCO_3]_2$). Beide fallen mit der Zeit aus und bilden Krusten. Kalziumbikarbonat bleibt jedoch dann in Lösung, wenn ein Überschuss an Kohlensäure (oder Bikarbonat bzw. CO_2) in der Lösung vorhanden sind. Dies ist naturgemäß in Mofettenwässern der Fall. Zur eigentlichen Ausfällung kommt es dann nicht im Gestein sondern erst an der Erdoberfläche. Hier gast entsprechend dem geringeren atmosphärischen Druck das überschüssige CO_2 aus der Lösung aus und alle Oberflächen über welche die nun abgereicherten Wässer fließen, werden mit einer weißlichen Kruste aus Kalziumkarbonat überzogen. Photosynthetisch aktive Pflanzen können CO_2-haltigen Wässern das Kohlendioxid auch aktiv entziehen (sie reduzieren es auf die Stufe der Zucker) und somit ebenfalls zur Ausfällung von Karbonaten beitragen. Man nennt diesen Vorgang dann biogene Entkalkung von Wässern. Die Vorgänge der Entkalkung sind eigentlich etwas komplizierter als oben dargestellt, spielen doch der pH-Wert, die Temperatur und die Höhe der CO_2-Konzentration bei den physiko-chemischen Vorgängen, die sich in den Lösungen abspielen, eine entscheidende Rolle. Ein schönes Beispiel für eine solche biogene Entkalkung ist der Wasserfall bei Nohn in der Eifel.

2.8 Eisenocker

Als Begleiterscheinung von Mofetten und Säuerlingen kann man häufig Ockerausfällungen auf der Bodenoberfläche beobachten. Rostfarbene Überzüge in Bachbetten, auf Steinen, Pflanzenteilen und allen Gegenständen die man längere Zeit in solche Wässer legt, sind klare Zeichen für diesen Eisenocker. Ocker besteht hauptsächlich aus Eisenoxiden (e.g. Fe_2O_3) und /oder Eisenhydroxiden ($Fe[OH]_2$). Manchmal sind auch schwarzes Manganoxid oder organische Komponenten involviert. Die in den tieferen Schichten des Gesteins durch die saure Wirkung kohlensäurehaltiger Wässer herausgelösten Eisenionen werden mit dem CO_2-Wasserstrom nach oben transportiert. Kommen sie mit dem atmosphärischen Sauerstoff in Verbindung, werden die Eisenionen zu Oxiden oder Hydroxiden oxidiert und bekommen so ihre rostrote Färbung (Abb. 13). Schöne Beispiele solcher Ausfällungen finden sich im Naturschutzgebiet des Wehrer Kessels und bei Wassenach (Römer- und Pferdebrunnen) ganz in der Nähe des Laacher Sees.

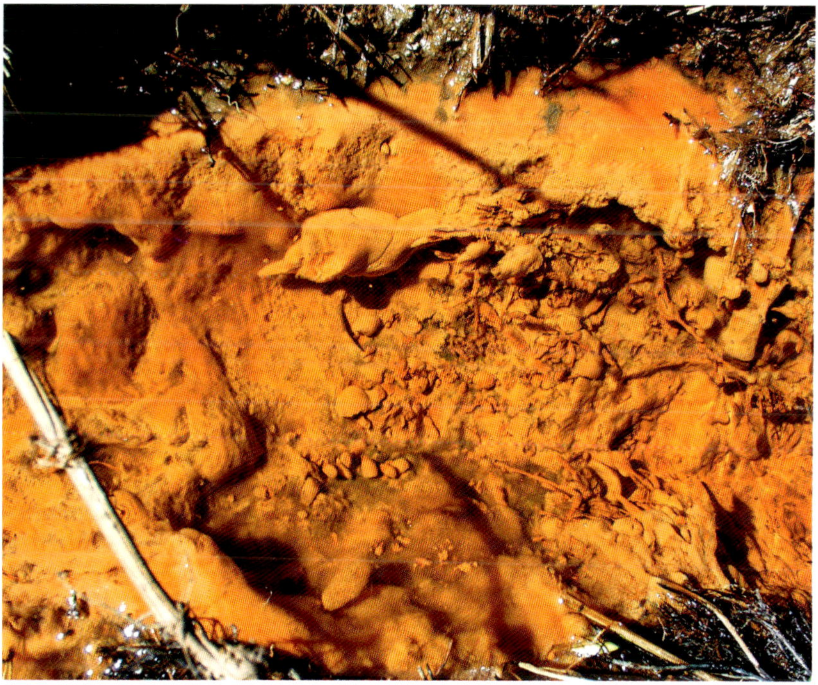

Abb. 13: Eisenocker in einem Quellsumpf bei Oldrussov, Tschechien.

2.9 Trockene oder nasse Mofetten?

Unter Mofettologen herrscht immer noch Uneinigkeit über die nomenklatorische Zuordnung von Mofetten. Mofetten sollten als trockene Mofetten bezeichnet werden, wenn sich das Gas trocken, also nicht in Wässern gelöst, durch die Gesteine nach oben bewegt. Ob es dann durch trockenen oder Regen getränkten Boden oder durch Wasserkörper (Pfützen, Tümpel, Bäche, Seen, Meere) ausgast, ist hierbei nicht relevant. Wird das CO_2 jedoch schon tief im Gestein in Tiefenwässern gelöst und mit dem Lösungsmittel als Träger an die Erdoberfläche befördert, so spricht man von Säuerlingen. Nasse oder feuchte Mofetten gibt es nach diesem Vorschlag eigentlich nicht. Die Abbildung 14 von einem in einer kleinen Senke an CO_2 erstickten Neuntöter soll diese Definition verdeutlichen. Vor wenigen Tagen verstarb das Tier in einer „trockenen“ Mofette; wenig später lag es (nach einem heftigen Regenguss) verwesend in einer „nassen“ Mofette.

Abb. 14: An CO_2-Gas erstickter Neuntöter (Lanius collurio). Oben bei trockenem Wetter, unten nach einem Regenschauer.

3. Geologisch-vulkanologische Grundlagen

Das globale Kohlenstoffreservoir beläuft sich auf etwa 106 * 10^{15} Tonnen Kohlenstoff und verteilt sich zu über 80% auf carbonatische Gesteine (Tab. 1). Den Rest machen anorganisch gebundene Kohlenstoffe an Land und Meer und die in organischer Masse (Lebewesen, pflanzliche und tierische Leichen) gebundenen Kohlenstoffe sowie gasförmiges CO_2 in der Atmosphäre aus.

Tab. 1: Die Anteile verschiedener Kohlenstoffreservoirs an der gesamten globalen Kohlenstoffmenge in 10^{15} Tonnen (nach Sundquist 1985; aus Bredehoeft und Ingebritsen 1990).

Reservoir	**Kohlenstoff in 10^{15} Tonnen**
Atmosphäre	0,036
Ozeane	6,4
Kontinente	7,3
Carbonatgesteine:	
Ozeane	28
Kontinente	54
Metamorphe Gesteine	10
Total	106

Schon seit der Entstehung der Erde wird „geogenes CO_2" aus dem Erdinneren freigesetzt („biologisches CO_2" nennt man CO_2, welches im biologischen Kreislauf zirkuliert; s. u.). Es gibt Berechnungen, zu welchen Anteilen das Kohlendioxid aus Vulkanausbrüchen oder aus den Ausgasungen der Ozeankruste entstammt (Bredehoeft und Ingebritsen 1990).

Die weltweiten geogenen Kohlendioxidfreisetzungen wurden von Barnes et al. (1978) zusammengestellt. Die Autoren zeigten, dass CO_2 hauptsächlich entlang der kontinentalen Plattengrenzen sowie auch aus tiefreichenden Störungszonen innerhalb der Kontinente (sogenannten Intraplattengrenzen) freigesetzt wird. Dies sind speziell (1) der zirkumpazifische Bogen (Feuergürtel; Ring of Fire) und (2) die Gebirgszüge, die sich über Zentral- und Südeuropa bis nach Kleinasien erstrecken. Weiterhin stellten sie fest, dass die Orte der Ausgasungen immer auch Orte rezenter tektonischer Störungen, also potentielle Erdbebengebiete sind.

Über das eigentliche Reservoir des Kohlendioxids gibt die Kohlenstoffisotopie Auskunft. Speziell der Gehalt des Kohlenstoffisotops ^{13}C sagt etwas über die Herkunft aus dem Erdmantel (magmatisch) oder der Erdkruste (oft metamorph bzw. biogen) aus. Hierüber wird unter Geologen und Vulkanologen noch immer heiß debattiert, da aufgrund von Fluidmischungen während des Aufstiegs der Gase an die Erdoberfläche auch der Isotopiewert an Aussagekraft verliert. Mit Hilfe der Analyse von Helium-Isotopen ($^3He/^4He$) kann die Aussagekraft der Kohlenstoffisotope jedoch untermauert werden (Kämpf et al. 2007). Helium als Edelgas kann ungestört aus seinem Reservoirgestein an die Erdoberfläche migrieren. Dabei nutzt es oft die gleichen Transportpfade wie das CO_2. Man macht sich dabei den Umstand zu nutze, dass sich in der Kruste fast kein ^3He mehr befindet; ^3He entstammt nahezu ausschließlich dem Erdmantel. Ist dieser Anteil nun extrem hoch, ähnlich wie der an einem aktiven Vulkan, so spricht man von einem hohen Fluidanteil aus dem Erdmantel.

Mithilfe der Analyse von Helium-Isotopen wurde die Herkunft des CO_2 untersucht und auf die Bildung von basaltischen Magmen aus dem oberen Erdmantel (in 100-150 km Tiefe) zurückgeführt. Diese Magmen enthalten Fluide und können wegen ihrer etwas geringeren Dichte aufsteigen. Beim Aufstieg kommt es an der Grenze zwischen Mantel und Kruste zur Abkühlung, und die gasförmigen Fluide beginnen der Schmelze aufgrund der Aufkonzentrierung und des geringeren Druckes zu entweichen. Von hier diffundieren die Fluide nun über Klüfte, Spalten und Risse in Richtung Erdoberfläche und gasen dann über den Boden in die Atmosphäre aus. Nach Degen (2001) werden *„... große Teile des CO_2, die seit langer Zeit an Mineralwasser gebunden oder als freies Gas ausströmen, von großen, im Magma des Erdmantels enthaltenen Gasvorräten gespeist. Diese schmelzflüssigen Gesteine steigen auf Grund ihrer geringeren Dichte bis zur Grenze Erdmantel-Kruste auf, kühlen dabei ab und verlieren im Temperaturbereich zwischen 200 und 400°C durch die dadurch auftretende Abnahme der Löslichkeit die gasförmigen Bestandteile...*" (siehe auch Dressel 1871, Dechen 1864).

Für uns mag hier angenommen werden, dass der größte Teil des Kohlendioxids, welches wir in Mofetten finden, ursprünglich magmatischen Ursprungs ist. In der Osteifel sind Mofetten und Säuerlinge nur zusammen mit prä(?)- oder postvulkanischen Erscheinungen anzutreffen (Laacher See; Wehrer und Riedener Kessel). In der West- und Osteifel werden so pro Jahr mehr als 750.000 Tonnen CO_2 freigesetzt. Nach Stoffels und Thein (2000) können aber abkühlende Magmakammern diese enorme Menge an freigesetztem Gas allein nicht erklären.

4. Kohlendioxid – die Kenngröße für Mofetten

Eine wunderbare Beschreibung der Kohlensäure ist bei Gehler (1789) nachzulesen: ... *„Die fixe Luft ist nach Bergmann im Verhältniße 3:2, nach Lavoisier im Verhältniße 561:455, specifisch schwerer, als die atmosphärische, und sinkt daher in der letzteren zu Boden. Dies giebt Gelegenheit zu sehr artigen Versuchen, dergleichen der Düc de Chaulnes (Mem. des Sav. etrangers 1778) vor der Pariser Akademie angestellt hat. Man kan nemlich die unsichtbare fixe Luft aus einem Gefäß in ein anderes, wie Wasser oder wie jedes sichtbare Fluidum, ausgießen, und dadurch ein Licht auslöschen, eine Maus tödten u.s.w. Man gießt dem Augenscheine nach Nichts aus einem Becher worinn Nichts ist, in einen anderen, worinn auch Nichts ist, mit vieler Vorsicht, Nichts zu verschütten, und kan doch dadurch Thiere tödten, Lichter auslöschen, Salze krystallisiren u. dgl..“*

4.1 Die physiko-chemischen Eigenschaften von CO_2

Kohlendioxid (CO_2) ist bei Raumtemperatur und normalem Druck ein farb- und geruchloses Gas. Im „Physicalischen Wörterbuch“ von Gehler (1789) ist es noch unter „mephitisches Gas“ zu finden. Weitere Namen für das damals noch nicht völlig verstandene Gas sind: *Wildes oder weinigtes Gas, fixe oder künstliche Luft, Luftsäure, Sauerluft, Gas mephiticum, Gas vinosum, Mephitis vinosa, Mephitis acidula, Aer fixus und Acidum mephiticum.* CO_2 hat ein Molekulargewicht von 38 g mol^{-1} und ist mit einer Dichte von ca. 2 kg m^{-3} schwerer als Luft. In höheren Konzentrationen kann es daher bei Windstille sog. Gas-Seen in Bodennähe bilden. In schlecht belüfteten Räumen (e.g. Gärkellern), kaum bewindeten Vulkanhöhlen oder in Bodensenken können sich daher lebensgefährliche Gas-Seen ausbilden.

CO_2 ist sehr gut wasserlöslich und bildet gelöst in Wässern eine schwache Säure – die Kohlensäure. Die Bildung erfolgt gemäß:

$$CO_2 + H_2O \rightleftharpoons CO_2 \cdot H_2O \rightleftharpoons HCO_3^- + H^+ \rightleftharpoons CO_3^{2-} + 2H^+$$

Aus der obigen Gleichung geht hervor, dass Kohlensäure in sauren Lösungen gasförmiges CO_2 freisetzt, während es in neutralen und alkalischen Lösungen als Hydrogencarbonat oder Carbonat dissoziiert vorliegt und damit im Wasser gelöst bleibt. Diese Eigenschaften sind von herausragender Bedeutung für das Verständnis der Wirkung von Kohlendioxid (Wollmann 1942). Das chemische Binden von CO_2 in alkalischen Wässern ist bei der CO_2-Pufferung der Weltmeere von immenser Bedeutung (und wird bei den Plänen, Kohlendioxid in Meeren zu entsorgen, zu beachten sein; vgl. unten).

4.2 Die menschliche Mofette – ein alltägliches Experiment

Die Tatsache, dass CO_2 bei niedrigem pH-Wert rasch aus der Lösung ausgast, ist im Eigenversuch sehr eindrucksvoll zu demonstrieren: Trinken Sie rasch größere Mengen möglichst kühlen Mineralwassers (welches viel gelöste Kohlensäure enthalten sollte) und warten Sie einige Sekunden. Ein Druck in der Magengegend, dem Sie übrigens nicht lange Stand halten können, zeigt Ihnen unmissverständlich die Bildung von gasförmigem Kohlendioxid an. Der Unterschied in der Temperatur (Mineralwasser ca. 15°C, Magen ca. 37°C) und vor allem der Unterschied im pH-Wert (Mineralwasser pH 3-4, Magen ca. pH 1-2) haben das physikalisch und chemisch gelöste Kohlendioxid schlagartig auf die Seite des undissoziierten Gases gebracht (vgl. Formel 1), welches nun ein deutlich größeres Volumen beansprucht und seinen Weg, dem geringsten Widerstand folgend, nach außen sucht (Abb. 15).

Abb. 15: Die menschliche Mofette. Geräuschvolles Aufstoßen von Kohlendioxid nach Mineralwassergenuss. Detaillierte Anleitung im Text.

4.3 Absorption von Wärmestrahlung

Kohlendioxid absorbiert infrarote Strahlung der Wellenlängen um 2,7µm, 4,3 µm und 15 µm. Wegen dieser Eigenschaft kann man CO_2 in der Gasphase sehr gut messen (Infrarot-Absorptions-Spektrometrie). Diese Eigenschaft bedingt auch seinen positiven Beitrag zur Erdtemperatur (ohne CO_2 und Wasserdampf in der Atmosphäre läge die mittlere Erdtemperatur bei etwa –12 bis –16°C; *natürlicher Treibhauseffekt)* und auch seinen fatalen Beitrag zum *anthropogenen Treibhauseffekt*. Die von der Erde abgegebene Wärmestrahlung wird vom CO_2 der Atmosphäre absorbiert und teilweise reflektiert; die Atmosphäre erwärmt sich. Die Folgen dieser Reaktion spüren wir bereits jetzt in unserem Alltag.

4.4 Die Toxizität von Kohlendioxid

Bei Gehler (1789) können wir lesen: *„Diese Gasart löscht das Feuer schnell aus, und zieht den Dampf der Kerzen stark an sich. Sie ist untauglich zum Athmen, und Thiere können darinn nicht fortleben. Die warmblütigen sterben am schnellsten, später die Amphibien, die Insecten werden nur halb getödtet, die Irritabilität wird schnell vernichtet, und das noch warme Herze eines so getödteten Thiers zeigt keine Bewegung mehr.“*
Heute wird Kohlendioxid als gefährlicher Arbeitsstoff mit einem sehr schwachen Wirkungspotential der Kategorie IV zugeordnet. Dies mag bei einem Vergleich der Toxizitätsgrenzen mit anderen bekannten Gasen richtig erscheinen. Schwefeldioxid, die Stickoxide oder Ozon wirken bereits in Konzentrationen von wenigen ppm (*parts per million* = ein Teil auf eine Million Teile) schädigend, während Kohlendioxid erst in Konzentrationen von mehreren Prozent seine gesundheitsschädigende Wirkung entfaltet. Kohlendioxid ist jedoch ein „luftverdrängendes Gas“. An bestimmten, topographisch tiefer gelegenen Stellen (Täler, Mulden, Keller, Höhlen) und unter bestimmten klimatischen Gegebenheiten (Windstille) kann sich CO_2 in Konzentrationen von mehreren Zehnerprozent anreichern und ist dann höchst gefährlich. Der AGW-Wert (Arbeitsplatzgrenzwert) für CO_2 ist 5000 ppm (oder 0,5 Vol.-%). Für eine Stunde darf dabei die Konzentration auf 1% (= 10.000 ppm) ansteigen.

Jeder Winzer weiß um die Gefährlichkeit von CO_2 und beachtet daher sehr genau die nötigen Vorsichtsmaßnahmen beim Gang in den Gärkeller. Bei der Vergärung von Traubenmost zu Wein wird bei der Umsetzung von Zucker zu Alkohol durch die Hefepilze (*Saccharomyces spec.*) sehr viel Kohlendioxid produziert. Pro gebildetem Alkoholmolekül wird ein Molekül CO_2 frei. In der Phase der heftigsten Gärung (beim Wein: bei der Bildung des Federweißen oder Stürmers) ist dieser Prozess am besten zu beobachten. Das Gas entweicht dabei den Gärbottichen in erheblichen Mengen. Da Kohlendioxidgas spezifisch schwerer als Luft ist, bildet es einen unsichtbaren Gas-See am Boden des Gärkellers. Schon ein kurzer Aufenthalt von wenigen Minuten in solch einem Gas-See kann tödlich sein.

Toxikologen ist bekannt, dass höhere Konzentrationen von CO_2 für den Menschen gefährlich sein können. Ab einer Konzentration von 1% CO_2 in der Atemluft wird die menschliche Atmung beschleunigt. Längere Einwirkzeiten dieser Konzentration bewirken Kopfschmerzen (Krinninger 2001, Bundesamt für Arbeitsschutz und Unfallordnung 1982). Anzumerken ist hier, dass wir beim normalen Ausatmen 4-5% CO_2 mit unserer Atemluft freisetzen. Würden wir das im Körper gebildete CO_2 nicht permanent ausatmen, würden wir uns durch das sich im Blut anreichernde CO_2 sehr rasch selbst vergiften (hierzu später mehr). Bei Konzentrationen von 3 bis 5% CO_2 wird unsere Atmung um bis zu 400% erhöht; daher dient diese Konzentration auch dazu, den Kreislauf anzuregen und wird auch bei Wiederbelebungsmaßnahmen nach Herzstillstand verwandt (Krinninger 2001). Bei längerem Einatmen von CO_2-Konzentrationen größer 10% werden Menschen in der Regel ohnmächtig. Kurzzeitiges Einatmen von 30% CO_2 verursacht Herzrasen, Verwirrtheit, Sehstörungen und manchmal den Tod (Stupfel und Le Guern 1989). Die ursächliche Wirkung des CO_2 ist dabei einerseits die Verdrängung von lebensnotwendigem Sauerstoff, andererseits aber die ansäuernde Wirkung des CO_2 im Blut und in den Körperzellen.

Die azidifizierende (ansäuernde) Wirkung von CO_2 ist auch bei Tauchern ein bekanntes Problem. Hyperventilieren vor dem Tauchgang erhöht nicht nur den Sauerstoffgehalt des Blutes, sondern reichert auch vorhandenes CO_2 ab. Die Gefahr der Ansäuerung des Blutes wird dadurch zeitlich etwas hinausgeschoben.

Auch die Hebammen und Gynäkologen wissen um die potentielle Säurewirkung des Kohlendioxids. Während des Geburtsvorganges können Frauen durch Hecheln (vermehrte Aufnahme von Sauerstoff, vermehrtes Ausatmen von CO_2) bzw. „in die vor den Mund gehaltenen Hände Atmen“ (reduzierte Sauerstoffaufnahme, Rückatmen von CO_2) den Säuregrad ihres Blutes beeinflussen. Verstärktes Ausatmen von CO_2 alkalisiert (säuert ab), verstärktes Einatmen von CO_2 azidifiziert (säuert an) das Blut. Das stechende Gefühl in Mund und Nase, das beim Lösen von CO_2 auf den Schleimhäuten entsteht, nutzten die Altvorderen schon als Warnsystem bei Kohlensäureausbrüchen im Bergbau (Werne und Thiel 1914).

5. Anwendung und Verwendung von Kohlendioxid

Kohlendioxid wird in allen Aggregatzuständen industriell genutzt. Eine sehr gute Übersicht über dieses Thema bietet Krinninger (2001). Der prinzipielle Einsatz von **CO_2** wird im Folgenden kurz besprochen. Der potentielle Nutzen von **Mofetten** wird in Kap. 12 näher erläutert.

CO_2 ist ein sehr reaktionsträges, fast inertes Gas (außer in Wässern!) und wird daher in der Verpackungsindustrie neben Stickstoff (N_2) und Argon (Ar) zur Frischhaltung verwandt. Sauerstoff wird dabei aus den Verpackungen verdrängt. Das Verderben der Nahrungsmittel durch aërobe Verwesung wird deutlich verlangsamt.
Unterhalb von –57°C bei einem Druck von weniger als 5 bar kann Kohlendioxid auch in fester Form vorliegen. Festes CO_2 wird Trockeneis genannt; es hat eine Temperatur von –79°C und ist ein fast ideales Kühlmittel (große Kühlkapazität), da es beim Erwärmen direkt in den gasförmigen Zustand übergeht. Die Flüssigphase wird ausgelassen. Man nennt diesen Vorgang Sublimation. Da es inert, geruchs- und geschmacksfrei, bakteriostatisch und praktisch ungiftig ist, findet es in der Lebensmitteltechnik mannigfaltige Verwendung. CO_2 wird tiefgekühlt und unter Druck in Spezialtransportern vom Gewinnungsort zu den Verbrauchern geliefert.

Als sog. Kohlensäure wird CO_2 den meisten Erfrischungsgetränken zugesetzt. Früher wurden dazu Diesel oder Erdgas verbrannt, das Kohlendioxid herausgereinigt und anschließend den Getränken zugesetzt. Seit mehreren Jahrzehnten verwendet man hierfür geogenes Mofettengas. Vielleicht denken Sie daran, wenn Sie demnächst erfrischende Limonaden oder Mineralwässer trinken, dass Sie hier vulkanische Gase verkonsumieren.
Weil bei der Behandlung von Lebensmitteln der Einsatz von Insektiziden sehr gefährlich und aus gesundheitlicher Sicht auch sehr bedenklich ist, wird zur Schädlingsbekämpfung im Getreide, Cerealien, Tee- und Arzneidrogen, Gewürzen usw. Kohlendioxid in einzelnen Fällen drucklos, z. B. in Siloanlagen und in größerem Maßstab auch prophylaktisch unter Drücken zwischen 10 und 40 bar in speziellen CARVEX-Druckautoklaven, eingesetzt. Während bei der drucklosen Behandlung Einwirkzeiten von mehreren Wochen nötig sind, wird bei der Druckbehandlung eine vollständige Mortalität aller Entwicklungsstadien der Insekten (also auch Larven und Eier) in wenigen Minuten bis einige Stunden erzielt. Die Verfahren sind behördlich geprüft und zugelassen. Nach dem Pflanzenschutzgesetz dürfen nur behördlich geprüfte und zugelassene Verfahren, wie das zugelassene CARVEX CO_2-Druckentwesungsverfahren, eingesetzt werden.

Alkalische Abwässer können mit CO_2 neutralisiert werden. Da ein maximaler pH-Wert von 8,3 bei der Einleitung von Abwässern in die öffentlichen Abwasseranlagen zu unterschreiten ist, wird in Molkereien, sowie bei der Papier-, Textil- und Lederindustrie CO_2 zur Herabsetzung des pH-Wertes eingesetzt (Krinninger 2001). CO_2 wird aber auch eingesetzt, um die Wasserhärte von Trinkwasser einzustellen oder um das Wasser für Schwimmbäder aufzubereiten. CO_2 ist auch ein ideales Brandschutzmittel. Vor allem dort, wo Wasserschäden durch den Löschvorgang vermieden werden sollen, wird Kohlendioxid eingesetzt. Durch seine spezifische Dichte verdrängt CO_2 den für die Verbrennung wichtigen Sauerstoff und die Flammen werden erstickt. CO_2 wird als Schutzgas beim Lichtbogenschweißen und bei der Extraktion von Geruchs-, Geschmacks- oder Giftstoffen aus pflanzlichen Extrakten verwendet. Als ein Beispiel sei die Gewinnung von Hopfenextrakt angeführt. Der Nikotingehalt verschiedener Tabake oder der Koffeingehalt der unterschiedlichen Kaffeesorten kann mit Hilfe der CO_2-Extraktion genau eingestellt werden.

6. Mofetten – der tödliche Atem der Vulkane

Da in Mofettengebieten die geogenen Kohlendioxidflüsse teilweise sehr groß sein können, stellen solche Gebiete eine potentielle Gefahr für Mensch und Tier dar.
Aus der älteren und jüngeren Geschichte sind Fälle von CO_2-Katastrophen bekannt (vgl. D'Alessandro 2006), die teilweise tausenden Menschen das Leben kosteten. Manche der Berichte sind durch seriöse Quellen eindeutig beweisbar und nachvollziehbar, anderen hängt der Geruch von Mystik, Phantasie und Spekulation an. Letztere sind für Kriminophile naturgemäß am spannendsten.

6.1 Mofetten und Erdbeben

In vielen historischen Schriften wird auf einen Zusammenhang zwischen Gasemissionen und Erdbeben eingegangen. Veränderungen der Zusammensetzung oder des Geruches bei Gasen oder das Auftreten von neuen Quellen oder von erhöhten Wassertemperaturen sind einige Phänomene, die in den letzten zweitausend Jahren beobachtet und niedergeschrieben wurden. Beispielsweise wurden vor dem großen Lissabonner Erdbeben von 1755 ungewöhnliche Gasexhalationen und Geschmacksveränderungen an Quellen festgestellt. Diese Phänomene sind Ausgangspunkt für zahlreiche Studien zur Erdbebenprognose mittels der Fluiduntersuchung (Irwin und Barnes 1980, Heinicke und Koch 2000, Heinicke et al. 1995, Bräuer et al. 2003, Fischer und Horalek 2003, Geissler et al. 2005, Kämpf et al. 2007). Einige positive Ergebnisse geben

Anlass zur genaueren Untersuchung dieser Zusammenhänge. Verschiedene Theorien und Modelle werden dabei diskutiert. Größere Erdbeben scheinen sich manchmal durch extreme Gasaustritte anzukündigen. Ausgelöst durch kleinere Vorbeben oder kritische Spannungskonzentrationen im umgebenden Gestein kann es zu Veränderungen der Gaswegsamkeit (Risse, Klüfte) im Gestein kommen. Die Gasflüsse zur Erdoberfläche werden konsequent verändert und können so als mögliche Indizien für eine bevorstehende Erdbebenaktivität gewertet werden (Heinicke et al.1995).
Im Süden Taiwans gibt es den „Chung-Lun Mud Pool", der unter normalen Bedingungen 80-88% CO_2 entgast. In diesem kleinen Tümpel ändern sich der Gasfluss und die Gaszusammensetzung kurz vor und während der Erdbeben; er wird daher auch „Earthquake Pool" (Erdbeben-Tümpel) genannt (Yang et al. 2004; Abb. 16).

Abb. 16: Der Earthquake Pool oder Chung-Lun Mud Pool im Süden Taiwans ändert seine Gaszusammensetzung vor und während eines Erdbebens.

6.2 Mofetten und Vulkanismus

Bei vielen Autoren gelten Mofetten und andere gasförmige Exhalationen als untrügliche Kennzeichen eines alternden, zu Ende gehenden Vulkanismus eines Gebietes. Vor allem neuere Untersuchungen zeigen jedoch, dass das oberirdische Abblasen von Gasen magmatischen Ursprungs auch ein Anzeichen neuer oder erneuter vulkanischer Aktivität sein kann. Wegen seiner schlechteren Löslichkeit in Magmen gast CO_2 früher als andere vulkanische Gase aus. Am Ätna und an vielen anderen Vulkanen (Nyiragongo) füllen sich bodennahe Magmenkammern bis zu sechs Monate vor der eigentlichen Eruption mit Koh-

lendioxid. Von hier aus gast dann das CO_2 an die Erdoberfläche. Eine verstärkte Mofettentätigkeit ist zu konstatieren. Diese erhöhte Freisetzung von CO_2 kann gemessen werden. Es bleibt Zeit, Vorkehrungen zu treffen.
Häufig wird auch begleitend zur Eruption von der Freisetzung giftiger Gaswolken berichtet. Wie schon erwähnt, werden in Eruptionswolken von Vulkanen Wasserdampf (H_2O), Schwefeldioxid (SO_2) sowie Chlor (Cl_2), Chlorwasserstoff (HCl), Fluorwasserstoff (HF), Kohlenmonoxid (CO) und Schwefelwasserstoff (H_2S) freigesetzt (Schmincke 2000, Simper 2005). Wir werden bei der Besprechung des Untergangs von Pompeji und Herkulaneum durch den Ausbruch des Vesuv auf diesen Punkt noch etwas genauer eingehen.

6.3 Eine Auswahl bekannter Katastrophen

Obwohl nur sehr schwierig zu beweisen, gibt es Anzeichen, dass schon unsere Vorfahren den giftigen Wirkungen von Kohlendioxid erlegen sind. Der in der Slowakei bei Ganovze gefundene Neandertaler wurde ganz in der Nähe einer heute noch ausgasenden Mofette im Travertin gefunden. Man glaubt, er sei beim Wassertrinken am bodennahen CO_2-Gas erstickt.

Die Kelten und Teutonen kannten CO_2-Quellen und tranken wohl auch genüsslich aus den erfrischenden Säuerlingen (natürliche Vorgänger unserer heutigen Mineralwässer). Ob es dabei zu Todesfällen kam, ist nicht überliefert. Auch die Römer kannten und nutzten vulkanische Quellen, allerdings bevorzugten sie die geothermischen, warmen Quellen, in denen sie sich nach kulinarischer Völlerei gerne erholten (Murken 1991, Stoffels und Thein 2000). In Mitteleuropa sind viele Mofetten schon seit langem bekannt, wurden aber nicht genauer untersucht, sondern als Orte des Unheils und des Spukes peinlichst gemieden.

Von einigen Autoren wird angenommen, dass auch beim Ausbruch des Vesuvs im Jahre 79 n. Chr. Kohlendioxid im Spiel war und somit einer der Gründe für das Ableben vieler Einwohner in Pompeji und Herkulaneum sein könnte (Bullard 1976, Philips 1993, Martini 1997). Bei den tagelangen Eruptionen wurden große Mengen vulkanischer Gase, unter anderem auch große Mengen Kohlendioxid, freigesetzt. An der friedlich, ja fast schlafenden Haltung der ausgegossenen Gipshohlräume, welche die durch die extreme Hitze verdunsteten Körper der Opfer hinterließen, glaubt man keinen schmerzhaften Todeskampf, sondern ein friedliches Entschlafen zu erkennen (vgl. hier auch die Photos der Nyos-Katastrophe; Stager 1987). In seinem 6. Buch schreibt Plinius an seinen Freund Tacitus über seinen bei Rettungsaktionen verunglückten Onkel ... "
Ubi dies redditus (is ab eo, quem novissime viderat tertius), corpus inventum integrum, inlaesum opertumque, ut fuerat indutus: habitus corporis quiescenti

quam defuncto similior.“... („Nachdem es wieder Tag geworden war – es war der dritte nach dem, den er zuletzt gesehen hatte –, fand man seinen Körper unversehrt, ohne Verletzung, mit derselben Kleidung wie zuletzt. Er glich in seiner äußeren Erscheinung eher einem Schlafenden als einem Toten“... [Philips 1993, pp 37]). Dies wäre nur aufgrund der schnellen Wirkung hoch konzentrierten CO_2-Gases zu erklären, meint Martini (1997). Wären andere Vulkangase wie HCl (Chlorwasserstoff) oder SO_2 (Schwefeldioxid) im Spiel gewesen, hätte man völlig verkrampfte Opfer vorfinden müssen. Einige Einwohner von Pompeji und Herkulaneum könnten also in einer Gaswolke aus Kohlendioxid sehr schnell zu Tode gekommen sein und erst anschließend von heißer Asche und Staub bedeckt, verbrannt und verkohlt worden sein.

6.4 Zwei schauerlich schöne Geschichten vom Laacher See

6.4.1 Der Tod der jungen Jesuiten

Wenngleich ein noch nicht völlig geklärter Streitpunkt, so könnte es doch auch am Laacher See Tote durch Mofettengas gegeben haben. Mehrere junge Kleriker starben in kurzen Abständen eines mysteriösen Todes. Ein am Ostufer des Laacher Sees von Jesuiten erbautes zweistöckiges Haus, Jesuiten-Villa (*Villa trans lacum*) genannt, war der mögliche Ort des ominösen Geschehens. Aus den Akten der Jesuiten geht die Planung und Fertigstellung dieses Gebäudes hervor. In den „Consultationes“ vom 20. Februar 1870 hält der Protokollant Folgendes fest:

„Cum Nickenichenses consentire noluerint in commutationem propositam, et ex altera parte supradictus architecta exclamaverit, posse solidum aedificium in nostro fundo aedificari, delineatio hujus aedificii proposita est, quae omnibus placuit. Movebatur tamen quaestio, an refectorium tam amplum sit construendum, ut praeter patres omnes scholasticos possit excipere, item, an muri ad eam altitudinem essent educendi, ut postea si vellemus, supra refectorium et in altera parte supra „ ... “dormitoria possent construi. Omnes tandem conveniebant ut refectorium patribus et scholasticis omnibus, numero circiter 140, locum praebere deberent, murique ad dictam altitudinem essent educendi“...

Nach längerer Planung (und wegen größerer Probleme mit den beteiligten Baufirmen auch längerer Bauzeit) wurde die Villa in den Jahren 1871/72 schließlich vollendet. Ein großer zweistöckiger Gebäudekomplex von 80 m Länge und 10 m Breite war auf der ersten Seeterrasse in Ufernähe in den Jahren 1871 bis 1872 errichtet worden (Abb. 17).

Abb. 17: Die Villa trans lacum (Jesuitenvilla) am Ostufer des Laacher Sees. Mit freundlicher Genehmigung durch Dr. Brodkorb.

Erwähnung findet die Villa auch bei Steinbach (1880, resp. 2002). Nach der kurzen Beschreibung einer Mofette am Ostufer des Laacher Sees, die als Tongrube zum Abbau von Töpferton verwendet wurde, schreibt er ... *„Wir schreiten an der neuerbauten Villa vorbei und bald stoßen wir auf mächtige, wenig poröse, aber dennoch schlackige Basaltfelsen."* In der Nähe der Mofette ...*„findet man fast immer kleine todte Vögel, die dort vielleicht ihr Futter suchten und von dem unheimlichen Athem getödtet wurden"*. Steinbach erwähnt hier auch die Sage, dass ...*„kein Vogel über den See fliegen könne, ohne in seinen Schlund hinabgezogen zu werden"*. Die Lage der Jesuiten-Villa war also ein unheimlicher Ort, an dem jedoch Ton gegraben, Pilze gesucht, gebadet und geangelt wurde.

Laut R. Degen und W. Müller (2004/2005) war die Ausbildung der Jesuiten hart. Immer donnerstags zog es die jungen Kleriker aus ihrem Kloster an das Ostufer des Laacher Sees, um in der Jesuiten-Villa Exerzitien abzuhalten und auch etwas Freizeit zu genießen. Die Kleriker ruderten vom Kloster über den See. Sie freuten sich auf die Exerzitien und auf das gemeinsame Bad im See. Beim Ausstieg aus den Booten und beim Baden betrachteten sie die kleinen Gasbläschen, die vom Seeboden aufstiegen. Einige Ordensbrüder besuchten wohl auch das sog. Stickloch, wo man tote Vögel und Kleinsäuger fand und sich an Experimenten zum Löschen von Kerzenflammen durch das aus dem Loch austretende Gas erfreute. Man spekulierte über die Art des Gases und dessen Herkunft. Manch ein Jesuit lag am nächsten Morgen tot im Bett. *„Fehlte da beim Morgengebet wieder einmal ein Klosterschüler und der Präfekt* *ging in dessen Kammer, um den Langschläfer zu wecken, so lag dieser friedlich, wie schlafend da, doch er war entschlafen. Bald darauf fand man wiederum einen Ordensschüler tot in seiner Bettstatt"* (nach Werner Müller aus Degen 2004/2005). Siebzehn Patres der Gesellschaft Jesu starben in den Jahren 1864 bis 1888, wobei während der Bau- und Planungsphase (um 1870) und der Vertreibung der Jesuiten zwischen 1872 und 1873 acht Kleriker verstarben. Der Erlass der Bismarckschen Gesetze am 4. Juli 1872 verbot den Jesuiten den weiteren Aufenthalt in Deutschland.

Nach Degen (2004/2005) häuften sich die Todesfälle immer bei düsteren, nebeligen Wetterlagen. Da zur selben Zeit die Tuberkulose im Kloster grassierte, glaubte man an einen „normalen Tod durch Tuberkulose" und setzte die

Abb. 18: Teile der Gruft mit den Gräbern der verstorbenen Jesuiten. Benediktinerkloster Maria Laach.

jungen, teilweise 27- bis 30-jährigen Jesuiten im Friedhof des Klosters Maria Laach bzw. in der Totengruft der Nikolaus-Kapelle bei (Abb. 18).
Seit dieser Zeit grassieren viele Gerüchte und Spekulationen über das geheimnisvolle Ableben der jungen Kleriker. Neben der von den meisten heute im Kloster Maria Laach lebenden Benediktinern angenommenen Tuberkulose-Theorie ist aber ein Erstickungstod der Ordensschüler durch Mofettengas nicht wirklich eindeutig auszuschließen. Zumindest der hangseitige, rechte Teil der Villa war über einer stark ausgasenden Mofette erbaut (vgl. Abb. 19). Unter der hinteren, rechten Gebäudebegrenzung können noch heute bis zu 70% CO_2 in 20 cm Bodentiefe gemessen werden. Bei entsprechender Witterung und vor allem bei Windstille konnte das Gas in die unteren Räume der Villa eindringen. Personen, die dort am Boden saßen oder in Betten nächtigten, wären, ohne es zu merken, im Schlaf erstickt. Da Kohlendioxid kein aggressives oder stark reizendes Gas ist, erstickten die Schlafenden ohne Krämpfe und boten den oben erwähnten Eindruck „der friedlich Schlafenden“. Da die Patres und Fratres immer donnerstags ihren freien Tag hatten, würde man eine Häufung der Sterbefälle allerdings jeweils mittwochs und donnerstags vermuten. Von allen acht Verstorbenen verschied jedoch nur ein einziger an einem Donnerstag. Vier weitere verstarben an einem Mittwoch. Auch aus den Diarien und den Elogiae Defunctorum lässt sich nichts wirklich Aufschlussreiches entnehmen. Ob die Ursache der Todesfälle jemals endgültig geklärt werden kann, ist daher zu bezweifeln und so können und werden sich die unterschiedlichen Meinungen weiter halten und bunte Blüten treiben.

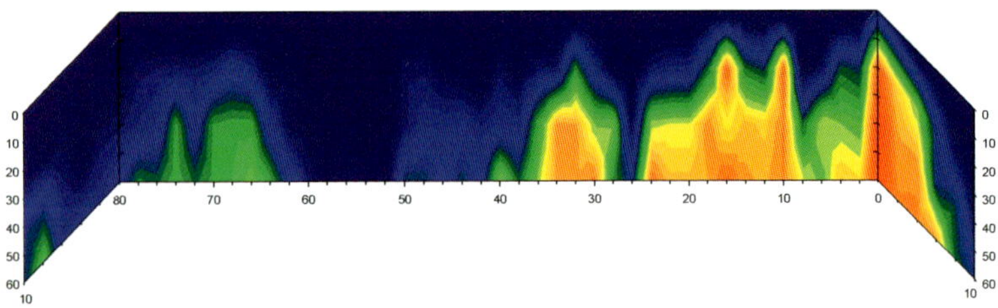

Abb. 19: Darstellung der CO_2-Konzentrationen in verschiedenen Bodentiefen unter der Jesuitenvilla. Der Beobachter blickt vom Rundwanderweg am östlichen Seeufer in Richtung Kraterrand. Die Vorderseite des Hauses ist aus Gründen der Übersichtlichkeit weggelassen. Die höchsten Konzentrationen wurden im hinteren, rechten Teil des 80 m langen Gebäudes gemessen. Am Boden sitzende Personen waren hochgradig gefährdet. Blaue Farbtöne zeigen geringe CO_2-Konzentrationen (bis 20%) an, grünlich-gelbe Töne stehen für CO_2-Konzentrationen bis zu 40%; hohe bis sehr hohe Konzentrationen (bis 80%) sind durch orange-rote Farben gekennzeichnet. Die linke und rechte Ordinate geben die Bodentiefe in cm an. Die Abszissen zeigen die Maße der Villa in Meter.

6.4.2 Der Franke und die Räuber: Die Bayer-Höhle am Laacher See

Eine zweite, nicht minder spannende Begebenheit schildert Hörter (1992). Er zitiert Beschreibungen von Carl Wilhelm Nose, einem Arzt und Naturforscher (Orographische Briefe; 1789 und 1790), nach dem eine Höhle an den Randhöhen des Laacher Sees existiert, in der Räuber ihr Versteck hatten. Diese Höhle wurde später von den Mönchen in Maria Laach zur Gewinnung von Tuffsteinen für Bauzwecke genutzt (vgl. auch Steinbach 1880). Die jetzt kaum mehr zugängliche aber einstmals geräumige Höhle wurde Bayer-Höhle (*specus dicta Bavarica*) oder Bayer-Loch (auch Beierloch, Beirloch, Beyerloch) genannt. Sie ist auf einer Karte des Laacher Sees von 1871 als Beiersloch markiert (Dressel 1871); der Zugang zur Höhle ist bei Steinbach (1880) und Erkers (1932) beschrieben (nach Hörter 1992). Um diese Höhle rankt sich eine schaurige Begebenheit. Im Jahre 1749 wurden in Koblenz zwei Halunken inhaftiert, die Raubzüge und einen Mord am Laacher See gestanden hatten. Sie hätten am Laacher See einen fränkischen Krämer (aus Nürnberg oder „Tirol" – zu dieser Zeit galt nahezu alles im Süden Deutschlands als Bayern) beraubt, in die Höhle geschleppt und dort erdrosselt. Eine Delegation bestehend aus mehreren Schöffen, zwei ortsansässigen Ärzten, sowie dem Schultheiß wurde gebildet und an den Ort des Geschehens gesandt. Der Leichnam wurde gesucht und alsbald gefunden. Klosterknechte exhumierten das Opfer, welches zum Entsetzen der Anwesenden noch völlig unzersetzt war. Nach eingehender Untersuchung wurde die Leiche im Klosterfriedhof in Maria Laach beigesetzt. Es wird leider nicht berichtet, wie lange die Leiche im Boden gelegen haben mag. Dies würde natürlich helfen, die schauerliche Erscheinung zu deuten. Eine nach Wochen noch unzersetzte Leiche kann eigentlich (neben einer sehr kühlen Jahreszeit!) nur eine Erklärung haben – das Grab lag in einer anaëroben Umgebung. Es könnte sich also um eine Beisetzung im Ausgasungsbereich einer Mofette gehandelt haben.

6.5 Nachprüfbare und belegbare CO_2-Katastrophen neuerer Zeit

6.5.1 Eifel/Deutschland

Kleine Tragödien durch CO_2 waren bei den Winzern an der Tagesordnung. Vergaß ein Winzer bei der Gärkontrolle seine Kerze mit in den Gärkeller zu nehmen und hatte sich schon ein bodennaher Kohlendioxid-See in den schlecht belüfteten Gärkellern entwickelt, konnte es sein, dass er innerhalb weniger Minuten im Gärkeller verstarb. Die brennende Kerze hätte ihm durch Verlöschen die Gefährlichkeit seines Tuns sofort vor Augen geführt und er hätte noch nach oben fliehen können.

Auch beim Bergbau kam es immer wieder zu heftigen Kohlensäureeruptionen, bei denen auch Bergleute verletzt wurden oder ums Leben kamen (Werne und Thiel 1914).

Im nahe dem Laacher See gelegenen Brohltal ereigneten sich ähnliche Katastrophen, die auch in Gerichtsakten penibel festgehalten sind (Degen 2001). Durch Erbohrung von CO_2-Quellen wurden dort Gasströme in Gestein und Boden so umgeleitet, dass das Gas in die Keller der Häuser eindrang und Tiere und Menschen gefährdete und tötete (Abb. 20).

Schlafstube, 50-60 cm hoch mit Kohlensäure angefüllt,
auch in dem Keller in welchem – wenige Tage vor der
Ortsbesichtigung – ein Schwein tot aufgefunden wurde,
wurde das Vorhandensein von Kohlensäure in der
Vorgegebenen Größe festgestellt.
Desweilen war in mehreren – und zwar in nächster
Nähe der erwähnten Baulichkeiten gelegen – Gärten
ein auffallendes Entblättern und Bräunen an Reben
und Obstbäumen, sowie der Übergang der in der
Erde befindlichen Knollengewächse in einem fauligen,
zur Verwertung völlig ungeeigneten Zustand, beobachtet.
Das Oberbergamt in Bonn über die Ursache der geschilderten
Erscheinungen befragt, gab durch seinen Kommissar nach
einer am 15.9. desselben Jahres vorgenommenen ört-
lichen Besichtigung am 17.9. sein erstes Gutachten ab.
Jedem bezüglich der Einzelheiten desselben auf dessen
Inhalt bezug genommen wird, wird bemerkt, daß dasselbe
des Vorhandenseins der vorgehend näher angegebenen
gemeinschädlichen Einwirkungen in den Gebäuden,
Kellern und Gärten festgestellt, sowie insbesondere her-
vorhebt, daß der Erstickungstod des Schweines in dem
Keller offenbar auf die im letzteren angesammelten
Kohlensäuren zurückzuführen sei. Gestützt auf die
dem Gutachter bekannte Tatsache, daß bei Erbohrung

Abb. 20: Abschrift eines Aktenauszugs aus Gerichtsakten eines „CO_2-Verfahrens" im Brohltal vom 18. 09. 1892 (aus dem Original-Sütterlin übertragen durch G. Pfanz).

6.5.2 Djeng-Plateau

Auf dem Djeng-Plateau in Indonesien ereignete sich am 20. Februar 1979 eine heftige phreatische Eruption, die neben großen Dampfmengen auch zu einer enormen Freisetzung von CO_2 führte. 142 Menschen, die in der Nähe der Exhalationsstelle wohnten, starben, da sie in Panik zu einer tiefer gelegenen Stelle geflohen waren, in der das unsichtbare, geruchlose Gas bereits einen tödlichen See gebildet hatte (Le Guern et al. 1982).

6.5.3 Afrikanische Maare: Monoun und Nyos in Kamerun

Ähnliche Tragödien, wenngleich in ungleich größerem Maßstab als auf dem Djeng-Plateau, spielten sich im afrikanischen Kamerun ab. Am 15. August 1984 am Monoun-See (37 Tote) und später am 21. August 1986 am Nyos-See kamen 1700 Menschen durch geogenes CO_2 ums Leben. Beide Seen sind Kraterseen (Maare) von teilweise über 200 m Tiefe. Unterhalb des Seebodens entgast Kohlendioxid und wird im kühlen Wasser der tiefen Seen gelöst und für längere Zeit gespeichert. Da diese tropischen Seen keine zweifache jährliche Durchmischung (Holomixis) durchmachen, wie die Seen unserer Breiten, konnte es zu einer extremen Übersättigung des Tiefenwassers durch CO_2 kommen. Aus der stark übersättigten Lösung gaste dann, ausgelöst durch ein leichtes Erdbeben, das Kohlendioxid schlagartig aus dem See aus und floss langsam über den Kraterrand die Hänge des Vulkans hinab. In den Dörfern und in den einzelnen Gehöften, die teilweise illegal am Hang gebaut worden waren, starben alle Einwohner nebst ihrem Vieh (Stager 1987, Barberi et al. 1989, Baxter und Kapila 1989, Sigvaldson 1989). Erstaunlicherweise blieb die gesamte Vegetation anscheinend völlig unberührt; von keinerlei Beschädigung der krautigen Pflanzen oder der Bäume wurde berichtet (vgl. Kap. 10.3; siehe jedoch Lockwood 1986).

6.5.4 Nyiragongo und Nyamulagira

Der Nyiragongo ist im Jahre 2002 erneut eruptiert; dabei wurden mehrere Millionen Tonnen Lava freigesetzt. In der Umgebung des Vulkans sind dabei sehr viele neue Entgasungsstellen entstanden, sowie alte Mofetten reaktiviert worden. Diesen entströmt CO_2 in großen Mengen. Dies wird mit den Winden bodennah verbreitet und gefährdet Mensch und Tier in etwa 30 km Umkreis. Man nennt die Gaswinde „*Mazukus*“ (Winde des Bösen) oder im englischen „Evil’s Winds“. In Windrichtung der Mazukus werden allenthalben Tierleichen gefunden (Vaselli et al. 2002/2003).

6.5.5 Bella Italia und das Kohlendioxid

Man kann fast sagen, dass der Vulkanismus in Italien erfunden wurde. Und selbst, wenn man nicht so weit gehen möchte, so gilt zumindest, dass Italien maßgeblich an der Erforschung und Beschreibung vulkanischer Phänomene und vor allem der vulkanologischen Nomenklatur beteiligt war. Gilt doch der Vesuv als der klassische Lehrbuchvulkan, und seinen Ausbruch von 79 n. Chr. bei dem Herkulaneum und Pompeji zerstört wurden, kennt jedermann. Der Ausdruck „Vulkan" leitet sich zudem vom römischen Gott Vulcanus ab, der unter dem Vulcano (einer der bekanntesten Inseln des liparischen Archipels) lebt und dort noch heute sein Unwesen treibt. Daher nimmt es auch nicht Wunder, wenn es in Italien auch heutzutage noch mehrere Regionen gibt, in denen ab und an von CO_2-Unfällen berichtet wird (D'Alessandro 2006).
Die Phlegräischen Felder bei Neapel, von denen die Solfatara touristisch am bekanntesten ist (und innerhalb des Kraters auch einen Campingplatz besitzt), sind ein Gebiet bradyseismischer Aktivität in dem Mofetten nicht selten sind. Und obwohl der letzte echte Vulkanausbruch in den Phlegräischen Feldern im Jahre 1538 stattfand, finden rezente Absenkungs- und Hebungsphasen des Gebietes um bis zu 10 m statt. Neben Beschädigungen von Gebäuden kommt es häufig zu Entgasungen mit tödlichem Ausgang. Natürlich wird trotzdem fleißig weitergebaut. Das Wachstum des Stadtmolochs in der Bucht von Neapel ist nicht aufzuhalten. Selbst die geschützten Hänge des Vesuv werden trotz Verboten und Warnungen vor der potentiellen Gefahr zunehmend zersiedelt.

Man glaubt im Übrigen, dass auf dem Campingplatz inmitten der Solfatara von Pozzuoli keine akute Gefahr für Touristen und Anwohner bestünde, da die potentielle, mittlere CO_2-Konzentration der gasenden Mofetten zwar 20% betrüge (also eigentlich absolut tödlich wäre), die permanent vorherrschende leichte Brise die Gas-Gradienten aber sofort verblase (Martini 1997). Wollen wir hoffen, dass keine klimatisch widrigen Umstände uns eines Besseren belehren.

6.5.6 Der Papst und die Mofetten

In der Nähe Roms in den Albaner Bergen, dort, wo auch der Papst sein Sommerdomizil (Castelgandolfo) hat, ist das Wohnen ebenfalls nicht ungefährlich (Funiciello et al. 2002). Um die bekannten Kraterseen Bolsena, Vico, Albano, Bracciano, Nemi und Averno gast teilweise heftigst CO_2 aus, ein Zeichen des dort noch immer vorhandenen vulkanischen Potentials. Wegen der Instabilität der Seen und der jährlichen Durchmischung des Seekörpers ist eine Tragödie wie beim Nyos-See wohl so nicht zu erwarten. Trotzdem wird jährlich von Todesfällen bei Brunnenbohrungen und Kellerausschachtungen berichtet (Carapezza und Turchini 2007).

6.5.7 Ätna, Stromboli, Vulcano

Auch auf dem Ätna und natürlich überall auf den Liparischen Inseln findet man eine große Anzahl von Mofetten. Auf der Insel Vulcano, einem Vulkan der zwischen 1888 und 1890 letztmalig eruptierte, entstanden durch Hitze- und Wasserzufuhr zum Vulkansystem seit 1987 neue Spalten und Frakturen und damit einhergehend sehr viele neue Mofetten. Es besteht daher die Gefahr, dass ein Gasausbruch während der Sommerzeit bei unzureichender Bewindung der Inseln zur akuten Gefährdung von 10.000 Touristen und Einwohnern führen könnte (Martini 1993).

6.5.8. Mammoth – Horseshoe Lake

In der kalifornischen Sierra Nevada gibt es nahezu täglich kleinere Erdbeben. Von etwa 1978 bis 2003 wurde dieses Gebiet von dramatischen magmatischen Störungen heimgesucht. In einem Hochtal bei Mammoth öffneten sich zwischen 1978 und 1980 durch ein schweres Schwarmbeben mehrere Erdspalten unter dem Horseshoe Lake (vgl. Photo 12 in Hill und Prejean 2005). Hierdurch kam es zu einem ungewöhnlich hohen Ausstrom von Kohlendioxid am Talboden. Um 1990 starben an den Flanken des Tales ganze Bestände der

Abb. 21: Abgestorbener Drehkiefer-Bestand mit Jungwuchs an den Ufern des Horseshoe Lake bei Mammoth, Sierra Nevada.

Dreh-Kiefern (*Pinus contorta*) ab, ein Ereignis, das anfänglich auf eine längere Trockenperiode zurückgeführt wurde. Erst im Herbst 1994 konnten Bodengasmessungen den ursächlichen Zusammenhang zwischen dem Baumsterben und einer drastisch erhöhten CO_2-Konzentration in den Böden (20-90%) erhärten (Abb. 21; Hill und Prejean 2005). Die CO_2-Freisetzung belief sich dabei auf Werte zwischen 300 und 1200 Tonnen pro Tag (Farrar et al. 1995).
Eine neue Riesenmofette war entstanden. Mindestens zwei Menschen fanden hier den Tod. Von einem erschöpften Ski-Langläufer wird berichtet, der sich an eine Schneewehe lehnte, um sich auszuruhen. Die gefrorene Schneewehe bekam dabei Risse und das innerhalb der Wehe aufgestaute CO_2-Gas strömte aus; der Mann verstarb noch vor Ort. Die Geschichte von einem Toilettenbenutzer, der neben dem See in einem über einer Ausgasungsstelle gelegenen Toilettenhäuschen umkam, ist jedoch nicht eindeutig belegt.

Tabelle 2: Auflistung von Katastrophen und der Opferzahlen ausgelöst durch Mofetten oder Mofettengas. Nach Werne und Thiel 1914, Martini 1997, Simper 2005, D'Allessandro 2006 und anderen bewiesenen und unbewiesenen Quellen.

Jahreszahl	Ort	Land	Opfer
6000 v. Chr.	Ganovce	Heutige Slowakei	Ein Neandertaler
79 n. Chr.	Pompeij, Herkulaneum	Italien	Mehrere Hundert
1864-1873	Laacher See	Deutschland	Mehrere Jesuiten*
1894-1913	Niederschlesien	Polen	17 Bergarbeiter
1903	Karthala	Saudi-Arabien	17
1906-1910	Nord d 'Alais u. a.	Südfrankreich	ca. 40 Bergleute
1984	Monoun-Kratersee	Kamerun	37
1986	Nyos-Kratersee	Kamerun	1700
1979	Djeng-Plateau	Indonesien, Java	142
1978-2003	Horseshoe Lake	Mammoth, USA	Eine (zwei) Person(en)
1990	Tavurvur	Papua-Neuguinea	Sechs Personen
1997	Hakkoda	Japan	Drei Soldaten
1999	Albaner Berge	Italien	Zehn Personen
seit 2002	Nyiragongo	VR Kongo	Mehrere Personen

** Der Tod der Jesuiten ist nicht eindeutig geklärt. Nach offiziellen Stellen verstarben die jungen Männer an Tuberkulose und anderen Krankheiten. Da die Jesuiten ein Gebäude auf einer Mofette errichtet hatten, ist der Tod durch Mofettengas jedoch nicht gänzlich auszuschließen.*

7. Bekannte Mofetten in Europa – eine kleine Auswahl

In vielen Ländern Europas sind Mofetten bekannt und beschrieben und sie werden unterschiedlich genutzt. Im rumänischen Transsylvanien gibt es mehrere bekannte Badeorte, welche die vorhandenen Mofetten nutzen, um eine anerkannte Bäderwirtschaft zu betreiben. Auch das französische Massif Central ist bekannt für seine postvulkanischen CO_2-Ausgasungen.

Island ist die europäische *Insel der Vulkane*, der Geysire und Mofetten. Mofetten kommen eigentlich überall auf Island vor, wenngleich eine gewisse Konzentrierung auf der Westseite zu konstatieren ist. Die Halbinsel Snaefellsness ist wegen ihrer hohen Dichte an Mofetten bekannt. Viele der in den speziellen Karten Islands angegebenen Mofetten sind jedoch eher Säuerlinge.

Italien besitzt mehrere hundert Mofetten allein in den Regionen Toskana, Umbrien und Latium. Viele werden gerade kartiert und wissenschaftlich beschrieben. Eine detaillierte Auflistung und Charakterisierung dieser Gebiete ist demnächst im Internet zu erwarten (vgl. auch Minissale 2004). Auch in den Campi Flegrei gibt es solche geogenen Ausgasungen, die teilweise touristisch erschlossen sind (Pozzuoli, Grotta del Cane). Darüber hinaus sind die Hänge und die nähere Umgebung der italienischen Vulkane teilweise mit Mofetten und Solfataren übersät. Die wohl bekannteste Mofette in Italien ist aber Mefite d'Ansanto bei Rocca San Felice im Tal des Ansanto. Bereits Vergil beschreibt diese Ausgasung; sie wurde schon immer als Eingang zur Unterwelt betrachtet. Der Ort war offenkundig Mephitis geweiht, der Göttin der üblen Gerüche und Ausgasungen, die gleichzeitig wohl auch eine Göttin von Fruchtbarkeit und Tod war. Viele Kultgegenstände und Opfergaben sind im Santuario gefunden und zurück bis in das 6. Jhdt. v. Chr. datiert worden.

Gar nicht weit von der deutsch-tschechischen Grenze, in direkter Nachbarschaft zu Franken liegen in Tschechien die Badeorte Franzensbad (Frantiskovy Lazne), Marienbad (Marianske Lazne) und Karlsbad (Karlovy Vary). In und um dieses Bäderdreieck sowie im Tal der Eger und Plesna sind ebenfalls unzählige CO_2-Exhalationen nachgewiesen. Mehrere Forschergruppen aus Potsdam, Leipzig, Jena und Essen führen dort geologisch-vulkanologische sowie biologische Studien durch. Touristisch gut erschlossen und ausgesprochen attraktiv ist dabei das Naturschutzgebiet Soos. Dieses ist ein mit Mofetten und (Pseudo-) Schlammvulkanen durchzogenes Sumpfgebiet, in dem man vor allem nach Regenfällen die gasenden Mofetten nicht nur hören, sondern durch die Bildung der unzähligen Blasen und gelblich-weißen Schaumkronen auch gut beobachten kann (Abb. 22).

Abb. 22: Teilaspekt der CO_2-Ausgasungen im Naturschutzgebiet Soos im Bäderdreieck um Frantiskovy Lazne (Franzensbad), Tschechien.

In Deutschland vermutet man Vulkansimus, Erdbeben und Mofetten eher nicht. Nun sind Mofetten in Deutschland wirklich nicht überall anzutreffen, jedoch recht verbreitet. Man findet sie begleitend in der Nähe von Thermalbädern dort, wo sich Mineralwasserfirmen niedergelassen haben, doch auch an Stellen, wo man sie eigentlich nicht vermuten würde (vgl. Carle 1975). Mofetten gibt es beispielsweise in der West-Eifel, in Urach, in Franken sowohl im Sinntal, in der Rhön als auch im grenznahen Gebiet zu NW-Tschechien, sowie in Ostwestfalen. Sie scheinen weiter verbreitet zu sein als gemeinhin angenommen. Eine touristisch recht attraktive Mofette ist aus Bad Pyrmont bekannt (vgl. Kap. 7).

Wie schon beschrieben gibt es in der Eifel viele Stellen, an denen CO_2 aus dem Boden austritt. Die meisten von ihnen sind eher unspektakulär und nur für Wissenschaftler von Interesse. Einige sind aber auch touristisch erschlossen und beliebte Ausflugsziele.

In seinem Buch *Führer zum Laacher See* schreibt Steinbach (1880, Nachdruck 2002): *„Doch nicht allein dem Sagenfreunde, sondern auch dem Mineralogen öffnet der Laacher See seine Schatzkammern und bietet dem Botaniker seine*

Strässe. Steigen wir erst in das Reich der Kobolde und Gnome hinab und wandeln wir dem Wege nach, der rings um den See führt ..., geht einen Büchsenschuss weit im Buchenwalde ein Waldweg rechts ab am Seegestade vorbei. .... Wir schreiten weiter und kommen an die Mofette, eine frühere Schürfgrube nach Töpferthon, wo sich bedeutende Exhalationen von Kohlensäuren zeigen...". Doch hat der Berghauptmann und Mineralogie-Professor zu Bonn Jacob Nöggerath von den Mofetten schon 1870 berichtet: „... *Der Torf wird jetzt von den Bewohnern der klösterlichen Gebäude, den Jesuiten, zur Feuerung gewonnen. In ihm ist an einer Stelle eine sehr starke Entwicklung von kohlensaurem Gas erkannt worden, eine Mofette, wie man solche Gas-Exhalationen in den vulkanischen Gegenden Italiens nennt. Offenbar hat sie ihren Ursprung nicht im Torfe selbst, sondern in der darunter liegenden Gebirgsart, welche wahrscheinlich Schiefer der devonischen Formation ist. Die Jesuiten haben einen ausgenommenen Raum an dieser Stelle im Torfe mit Steinmauern umsetzen lassen. Und in ihm finden sich von Zeit zu Zeit todte Vögel und andere kleine Thiere, welche von dem kohlensauren Gas erstickt worden sind.*" (Nöggerath 1870, pp 19ff.). Er schreibt weiter: ... "*Eine andere Mofette war von lange her an der Südwestseite des Sees in geringer Höhe über dem Spiegel und unsern des Weges bekannt, welcher um den See führt. Hier findet die Gasentwicklung in einer kleinen, wenig tiefen Grube statt. Das Gas strömte früher sehr stark aus dem Boden, man konnte den Mund in dieser Grube nicht bis auf den Boden hinabneigen, ohne Gefahr zu laufen, erstickt zu werden.*" (Nöggerath 1870, pp 20).

Schon lange sind das Bayer-Loch (siehe Kap. 6.4.2) oder das Stickloch bekannt; um beide ranken sich teilweise grausame Geschichten. Auf einer etwas höheren Seeterrasse des Laacher Sees liegt versteckt das Stickloch. Diese Stelle war anscheinend den Mönchen des Klosters Maria Laach schon bekannt. Man erzählt sich, dass Jesuiten sowie Benediktiner immer wieder hierher kamen, um nach toten Tieren zu suchen und um das Verlöschen von Kerzen zu beobachten. Unlängst wurden auch mehrere andere Ausgasungsstellen auf beiden Terrassenstufen des Laacher Sees entdeckt, die teilweise sehr stark gasen und entsprechend gefährlich sind.

Am Randabbruch der Laacher Caldera steigen in der Nähe des Lorenzfelsens Gasbläschen im See auf. Sie sind bei Windstille am besten zu beobachten und sind jedem aufmerksamen Wanderer um den Laacher See bekannt. In Ufernähe gasen sie aus und man kann die Bläschen in Reih und Glied an die Wasseroberfläche ziehen sehen (Abb. 23). Teilweise wallt diese sogar auf. Mehrere hundert Meter lang ist die ufernahe Ausgasungsstelle. In strengen Wintern, wenn der See mit einer Eisdecke überzogen ist, bleiben diese Stellen in der Regel als eisfreie Löcher erhalten (Abb. 24; Meyer 1995).

Abb. 23: CO_2-Bläschen an der Wasseroberfläche in der Nähe des Lorenzfelsens (Laacher See), Eifel.

Abb. 24: Eislöcher im Eis des Laacher Sees. Die permanente mechanische Bewegung der Wasseroberfläche durch die ausperlenden CO_2-Gase verhinderte das Gefrieren. Aufnahme: R. Hippchen.

Beobachtet man die sich durch die CO_2-Bläschen kräuselnde Wasseroberfläche etwas länger, dann wird man gelegentlich unheimliche Gestalten erkennen, die sich als Mofettenwolf oder Mofettenteufel (Diabolo mephitico) zu Erkennen geben. Ein solcher Mofettenteufel ist in Abb. 25 zu erkennen.

Abb. 25: Diabolo mephitico oder Mofettenteufel. In den Kräuselungen der Wasseroberfläche für Bruchteile von Sekunden manifestierte Erscheinung unterseeischer Vulkanwesen. Diese Wesen sind sehr scheu und werden daher von Nicht-Mofettologen nur extrem selten beobachtet.

Eine erst kürzlich von Prof. Heide (Jena) entdeckte, trocken ausgasende Mofette ist die „U1" genannte Fläche am Ostufer des Sees (möglicherweise war sie aber schon den Altvorderen Dechen 1864 oder Dressel 1871 bekannt). Sie ist mit einer ungefähren Länge von über 70 m und einer Breite von 10-15 m sehr spektakulär. Sie wird genauer in Kapitel 10.3.3 besprochen werden.

In der näheren Umgebung des Laacher Sees finden sich noch viele weitere Ausgasungsstellen. Fündig wird man bei Glees sowie im Brohltal, einem Tal, das durch seine ehemalige wirtschaftliche Nutzung der Mofetten in Fachkreisen weltweit bekannt war. Doch auch im Pönterbachtal, an den Ufern des

Rheins und vor allem im Wehrer und Riedener Kessel gasen viele Mofetten geogenes CO_2 aus. Zum Teil werden diese Vorkommen auch heute noch wirtschaftlich genutzt (siehe Kap. 12). Erwähnenswert sind auch die Ausgasungen in der unheimlichen Wolfschlucht, von der Steinbach (1880, 2002) schreibt: „ *An der alten Klostermühle vorbei führt uns ein Weg in die Wolfsschlucht, wo ehemals der Freischütz seine Freikugeln goß. Das wilde Gebilde der Trassfelsen ist auch wahrlich dazu angethan, einer solchen schauerlichen Phantasie im Volksmunde volle Rechnung zu tragen.*"

Wenn innerhalb eines Vulkankessels, wie der Laacher Caldera sehr viel CO_2 ausgast, könnte dies unter bestimmten Umständen zu einer Gefahr für Anwohner und Touristen werden. Doch wie groß ist diese potentielle Gefahr?
Nach Angaben von Aeschbach-Hertig et al. (1996) werden pro Jahr etwa 5000 Tonnen Kohlendioxid über den Wasserkörper des Laacher Sees in den Talkessel abgegeben. Das Gas gelangt über Entgasungsstellen am Seeboden in den Wasserkörper und wird dort partiell physiko-chemisch gelöst. Die Situation ist somit der des afrikanischen Nyos-Sees sehr ähnlich. Die bemerkenswerte Ähnlichkeit beider Vulkanseen ist bereits von Giggenbach et al. (1991) für die Isotopenzusammensetzung der Gase beschrieben worden. Auch sonst sind einige Parallelen zu sehen. Drei wesentliche Unterschiede zwischen beiden Vulkanseen gilt es jedoch zu beachten. Erstens nimmt man an, dass die Gesamtmenge an Kohlendioxid, die bei der Gaseruption des Nyos-Sees schlagartig frei wurde, zwischen $2{,}4 * 10^5$ und $2{,}4 * 10^6$ Tonnen lag; dies wäre in wenigen Stunden eine 100- bis 1000-fach höhere Gasfreisetzung als am Laacher See pro Jahr. Zweitens unterliegt der Laacher See jahreszeitlich bedingten Umwälzungen im Frühjahr und im Herbst. Hierbei wird der gesamte Wasserkörper im See umgewälzt (holomiktischer See), wobei es zur Ausgasung des CO_2 gemäß der neu geschaffenen Temperatur- und Druckverhältnisse im See kommt. Drittens ist der Laacher See (51 m) bei weitem nicht so tief, wie seine afrikanischen Vettern (ca. 200 m). Eine Akkumulation von Gasen in überkritischen Konzentrationen ist daher also wohl nicht zu erwarten (vgl. auch Aeschbach-Hertig et al. 1996) und damit eigentlich auch keine Gaskatastrophe wie am Nyos und Monoun-See. Sollte die Erwärmung der Atmosphäre jedoch Änderungen im Verhalten der Wasserkörper mitteleuropäischer Gewässer nach sich ziehen, muss nach Faktenlage erneut diskutiert werden. Auch zeigen neuere Messungen der CO_2-Freisetzung am Rande der Laacher Caldera sowie über dem eigentlichen Wasserkörper des Sees, dass die Ausgasungen deutlich stärker sein könnten als von Aeschbach Hertig et al. (1996) beschrieben (Dr. N. Perez mündl. Mitt. 2007).

8. Mofetten und Klima

8.1 Mofetten und das Weltklima

Die Freisetzung von CO_2 aus Mofetten und Vulkanen trägt zum natürlichen Treibhauseffekt bei. Wie schon oben erwähnt, absorbiert Kohlendioxid in bestimmten Wellenlängenbereichen (im nahen Infrarot) und strahlt auch wieder Wärmestrahlung ab. Im Gegensatz zur anthropogenen Freisetzung ist die geogene Freisetzung derzeit jedoch weder nachweislich erhöht noch erniedrigt. Das geogene CO_2 trägt also zum natürlichen Treibhauseffekt bei (ohne den wir ein sehr unterkühlter Planet wären); es ist jedoch ursächlich an der verstärkten Erwärmung der letzen Jahrzehnte mit größter Sicherheit nicht beteiligt.
In der gesamten Westeifel beträgt das aus dem Erdinneren an die Atmosphäre abgegebene und damit „Treibhaus-aktive" CO_2-Gas etwa 12 100 Tonnen pro Jahr. Das klingt nach viel Gas, ist aber nur ungefähr so viel, wie 1150 Bundesbürger im Jahre 2001 produziert haben (May 2002, Ziesing 2002).

8.2 Mofetten und das Mikroklima

Mofetten können ein spezielles Mikroklima (Kleinklima) aufweisen. Rund um die eigentlichen Ausgasungszentren können sowohl die Luftfeuchte als auch die Temperatur etwas verändert sein. Temperatur- und Feuchteunterschiede sind abhängig von der Umgebungstemperatur und von der Menge an Wasser, die das ausströmende CO_2-Gas mit sich führt. Daneben spielt tagsüber auch die Absorption eines Teiles der infraroten Strahlung durch Kohlendioxid eine nicht unerhebliche Rolle bei der Erwärmung von Mofetten.

Liegen die Ausgasungsstellen von Mofetten geomorphologisch günstig in Tallagen, so können sich klimatologisch ausgesprochen spannende Studienorte ergeben. Dies ist in einer Tal-Mofette südlich von Siena der Fall. Sie ist ein kleines dolinenförmiges, etwa 10 m tiefes Tal, an dessen Grund mehrere Ausgasungsstellen liegen (Raschi et al. 1997, 1999, Bettarini et al. 1999). Wegen des enormen CO_2-Flusses füllt sich das kleine Tal jeden Tag ab etwa 17^{00} – 18^{00} Uhr mit dem tödlich wirkenden Gas. Bis zu einer Höhe von etwa 3 m über dem Talboden kommt es zu einer Aufkonzentrierung von bis zu 80% CO_2 in der Atmosphäre; ein absolut tödliches Szenario für tierische Organismen. Der sich am späten Nachmittag bildende Gas-See ist über Nacht sehr stabil und bildet somit eine tödliche Falle für Mensch und Tier. Der Boden der Mofette ist demgemäß mit vielen toten Tieren übersät. Doch am Grunde der Mofette wächst das Gewöhnliche Schilfrohr (*Phragmites australis*); als einziger Pflanzenart gelingt es dem Schilf unter diesen Extrembedingungen zu überleben (Abb. 26).

Abb. 26: Schilfrohrbestände (Phragmites australis) am Grunde einer talförmigen Mofette südlich von Siena, Italien.

Im Sommer kann man morgens gegen 10.00 Uhr ein phantastisches Schauspiel beobachten. Weiße, nebelartige Wolkenschleier tauchen hier und da auf, um wieder zu verschwinden und an anderer Stelle erneut zu entstehen. Nach wenigen Minuten hat sich in etwa 2,5 – 3 m Höhe über dem Mofettenboden eine dünne Schleierwolke ausgebildet. Diese behindert für kurze Zeit den Blick auf die Talsohle (Abb. 27). Nach wenigen Minuten beginnt die Wolke zu wabern, um sich wenig später in kleinen Wolkenfetzen aufzulösen. Das ganze Schauspiel dauert je nach Intensität der Sonneneinstrahlung nur wenige Minuten.

Die Erklärung dieses Phänomens ist ebenso einfach wie lehrreich. Durch den permanenten Ausstrom von Kohlendioxid hat sich über Nacht im Tal ein Gas-See aus fast reinem CO_2 gebildet. Wie schon erwähnt, absorbiert Kohlendioxid infrarote Wärmestrahlung und heizt sich dadurch auf. Abb. 28 zeigt, dass diese Erwärmung innerhalb des Gas-Sees mit dem Sonnenaufgang beginnt und bis deutlich über 50°C gehen kann, obschon die Temperatur der umgebenden Atmosphäre nur bei etwa 20°C liegt (Abb. 28). Durch diese starke Erwärmung verdunstet die Feuchtigkeit am Talboden und im Gas-See selbst (Evaporation) und steigt nach oben. Genau am Übergang zwischen dem im Talgrund lagernden, warmen CO_2-See und der darüber lagernden, viel kühleren Atmosphäre

Abb. 27: Wolkenschleier auf dem Gas-See in einer Tal-Mofette. Das im Kohlendioxid-See verdunstete Wasser kondensiert an der Oberfläche wegen des abrupten Temperatursprungs und bildet den morgendlichen Wolkenschleier.

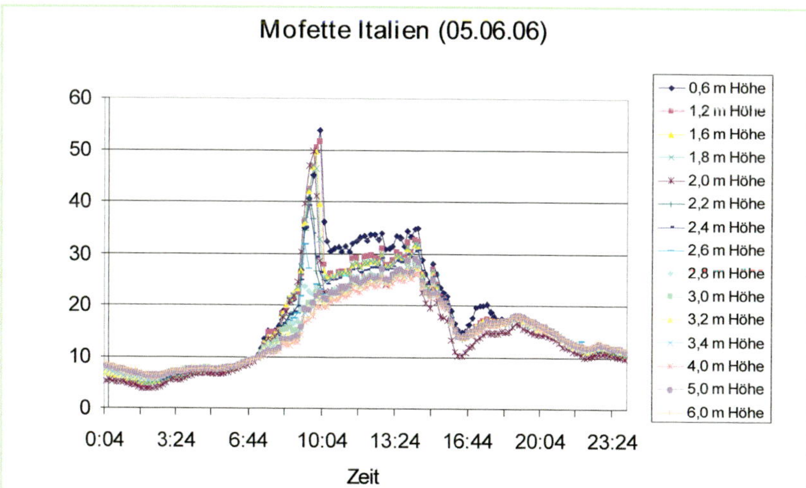

Abb. 28: Höhenabhängiger Temperaturgradient in der Tal-Mofette (Abb. 26 und 27) im Tageslauf an einem Frühsommertag. Nach Sonnenaufgang erreichen die Temperaturen innerhalb des Gas-Sees Werte über 50°Celsius; die Temperaturen oberhalb des Gas-Sees sind dabei nur knapp über 20°Celsius.

kommt es wegen des abrupten Temperaturabfalls zu einer Kondensation des Wasserdampfs zu feinsten Tröpfchen. Eine weiße Schleierwolke ist entstanden. Heizt sich der Gas-See im Laufe der Zeit durch die intensiver werdende Sonne noch weiter auf, lösen sich stark erwärmte CO_2 Gaspakete aus dem Gas-See und steigen wie Ballons in die Höhe, um sich in der kühleren Atmosphäre der höheren Luftschichten (10 m) aufzulösen. Nach etwa einer halben Stunde ist der Spuk vorbei. Von der ehemaligen Wolke ist nichts mehr zu sehen und nach einer weiteren Stunde kann man das Tal betreten. Spätestens gegen 17^{00} Uhr sollte man den Talboden jedoch wieder verlassen haben, da dann die Bildung des Gas-Sees erneut beginnt.

9. Böden in Mofetten

Über Mofettenböden ist extrem wenig bekannt. Sie scheinen den Gleyböden zu ähneln, die man allenthalben in häufig überschwemmten Gebieten findet und werden daher von manchen Autoren CO_2-Gleye genannt. Derzeit sind an der Universität Jena pedologische Forschungen im Gange, deren Ziel es ist, Mofettenböden zu beschreiben und zu kategorisieren.

10. Leben in und um Mofetten

10.1 Tierisches Leben in Mofetten

Schon Steinbach schreibt (1880, Nachdruck 2002) über den Rand des Laacher Sees und die dort „Mofette" genannte Töpfergrube „*... In der Mofette findet man fast immer kleine todte Vögel, die dort vielleicht ihr Futter suchten und von dem unheimlichen Athem getödtet wurden. Daher entstand auch vielleicht die Sage, dass kein Vogel über den See fliegen könne, ohne in seinen Schlund hinabgezogen zu werden...*". Josef Nöggerath hatte 1870 über eine kleine Mofette am Südwestufer des Laacher Sees berichtet „*Der Verfasser hat vor mehreren Decennien selbst einige Male diesen Versuch gemacht und zugleich vielerlei erstickte kleine Säugethiere, nämlich Eichhörnchen, Hasselmäuse u., und Vögel, dann Frösche und Insekten in der Grube gefunden.*" (Nöggerath 1870, p 20).

Abb. 29: In einer kleinen Senke erstickte Maus.

Über das Leben und Überleben von Tieren in Mofettengebieten ist nahezu nichts bekannt. Eigentlich sind alle Tiere, die man in Mofetten findet, bereits tot oder sterbend. Dies ist nicht wirklich verwunderlich, da normale, Sauerstoff atmende Tiere in einer derartig Sauerstoff-abgereicherten Atmosphäre nicht lange überleben können. Schon nach wenigen Minuten werden die meisten Tiere ohnmächtig, um wenig später zu verenden. Überleben können hier nur anaërobe Bakterien (und diese zählen nicht zu den Tieren) und wenige, spezialisierte Pflanzen (siehe Seite 56). Eigentlich gibt es keine Tiergruppen, die man nicht schon einmal tot in Mofetten gefunden hätte. Am häufigsten jedoch sind Insekten, Spinnentiere und Kleinsäuger (Mäuse) zu finden (Abb. 29). In einigen Wiesen-Mofetten Sloweniens und Tschechiens werden gehäuft sog. Insektengräber (Abb. 30) beschrieben. In der Tabelle 3 ist das Artenspektrum toter Käfer für zwei kleine, kaum 0,3 m^2 große Bodenvertiefungen einer westtschechischen Wiesen-Mofette gezeigt. Die gefundenen Käferarten sind räuberisch lebende Laufkäfer. Diese Käfer laufen jagend durch die Wiese. Kommen sie an einer solchen Mofette mit Insektenleichen vorbei, wähnen sie leicht erreichbares Futter. Sie klettern in die Bodensenke, um sich die vermeintlich leichte Beute zu sichern. Dauert der Vorgang in der Gas gefüllten Bodensenke jedoch länger als 60-90 Sekunden werden die Tiere ohnmächtig und sterben wenig später selbst. Dieser Vorgang wiederholt sich beliebig oft.

Abb. 30: Insektengrab in einer Senke einer Wiesen-Mofette. Kleinere Tiere ersticken wegen der bodennah sehr hohen CO_2-Konzentrationen. Räuber und Aasfresser, die leichte Beute wähnen, bezahlen ihre Gier oft mit dem Tode.

Tab. 3: Artenspektrum und Anzahl gefundener, toter Käfer in kleinen Boden-Mofetten in West-Tschechien. Die Bestimmung der Käfer erfolgte dankenswerter Weise durch Dr. F.-B. Ludescher und Mitarbeiter (Zoologie; Universität Duisburg-Essen).

Käfer-Art	Hartoušov Wiese	Hartoušov Süd
Carabus granulatus	10	5
Carabus nemoralis	5	10
Cychrus caraboides	1	-
Poecilus cupreus	1	3
Poecilus versicolor	1	4
Pterostichus melanarius	2	5
Pterostichus niger	1	-

Doch auch Reptilien (z. B. Ringelnatter *Natrix natrix*) und Amphibien (Springfrosch *Rana dalmatina*, Erdkröte *Bufo bufo*) sind häufig Opfer der tödlichen Gasfalle. Angelockt durch die vielen verlockend angerichteten Insekten, die es hier scheinbar auf dem Silbertablett gibt, nähern sie sich und werden während des Mahles selbst Opfer des Gases. Ähnlich scheint es vielen Vögeln zu ergehen, die in großen Mengen in italienischen Tal-Mofetten ersticken. Neben diversen Tauben, Finken und Meisen sind Fasane, Raben und Amseln

die häufigsten Opfer des Gases. Doch auch Graureiher (*Ardea cinerea*) und der bei uns sehr seltene Wiedehopf (*Upupa epops*) wurden gefunden. Größere Säuger, wie Katzen und Hunde und kürzlich auch ein junges Reh (vgl. Tank et al. 2008) findet man deutlich seltener.
In Caprese Michelangelo lassen italienische Bauern ihr Vieh an Stellen mit Mofetten nicht mehr auf der Weide grasen. Die älteren Bauern in diesem apenninischen Dorf (in dem der berühmte Maler und Bildhauer Michelangelo die Welt erblickte) berichten von erstickten Schafen und Kühen, die an einer CO_2 entgasenden Quelle ihre Köpfe zum Trinken nach unten gesenkt hatten.

Alexander von Humboldt beschreibt „Stickgrotten" auf Java und in Italien. Er erzählt von einem von Junghuhn beschriebenen Einsturztrichter, dem *„Tödtenthal der Insel Pakaraman im Djeng-Gebirge nahe Batur". Hier findet man Skelette von wilden Schweinen, Tigern, und Vögeln* (Humboldt 1845; 2004). Diese Funde werden mit dem am Boden des Tales befindlichen Gas-See in Verbindung gebracht. Auch in der Grotta del Cane (Hundsgrotte) genannten Höhlen-Mofette in den Phlegräischen Feldern wurde die narkotisierende resp. tödliche Wirkung von CO_2 auf Tiere genutzt und bis zur Perversion perfektioniert. In die heute durch ein Tor verschlossene Höhle verbrachten Hundebesitzer ihre alternden oder überzähligen Lieblinge. Mit dem angeleinten Tier zog man in die Höhle, um nach wenigen Minuten mit einem toten Hund oder einer leeren Leine wieder ins Freie zu marschieren. Eine andere Variante war, den Hund vor den Augen von Schaulustigen im Gas-See der Höhle zu narkotisieren, um ihn anschließend im Wasser des Agnano-Sees wieder zum Leben zu erwecken (Abb. 31).

Abb. 31: Makabre Experimente mit Hunden in der Grotta del Cane. Die Hunde werden im CO_2-Gas-See der Höhle vor den Augen Schaulustiger betäubt und im nahen Agnano-See wieder zum Leben erweckt. Gemälde aus dem 18. Jhdt. von F. A. Letizia.

Solche Hundsgrotten sind ebenfalls aus Frankreich bekannt. Auch aus der Eifel (Brohltal) ist bekannt, dass sich Tierbesitzer durch einen Zwangsaufenthalt im Keller ihrer lästig gewordenen Begleiter entledigten (Degen 2001).

Recht interessant ist die Tatsache, dass man die Außengrenzen bestimmter Mofetten anhand der Maulwurfshaufen zumindest qualitativ festmachen kann (Abb. 32). Wie alle Säugetiere, so kann auch der heimische Maulwurf (*Talpa europaea*) keine extrem hohen CO_2-Konzentrationen ertragen. Zwar toleriert er in seinen Gängen anscheinend etwas höhere CO_2-Konzentrationen als andere Tiere, doch in der Nähe von Mofetten gibt auch er auf. Die Gänge der Maulwürfe und die Erdauswürfe (die eigentlichen Maulwurfshaufen) enden alle an den Außengrenzen der Mofetten. Welche Auslöser den Maulwurf letztendlich zwingen, die Grabungen einzustellen, ist derzeit noch unklar. Würden die Tiere unbeirrt in Richtung der Ausgasungen weitergraben, würden sie ersticken. Andererseits dürften die Maulwürfe auch erkennen, dass die Menge und die Häufigkeit der Nahrungstiere in Richtung höherer CO_2-Konzentrationen dramatisch abnehmen und möglicherweise deshalb nicht weiter in diese Richtung graben.

Abb. 32: Maulwurfshaufen auf einer tschechischen Mofettenwiese zeigen den Übergang zwischen diffusen CO_2-Ausgasungen (im Vordergrund) und unbelasteten Kontrollböden.

10.2 Pilze und Mofetten

Es ist nahezu nichts über das Vorkommen von Pilzen in Mofettengebieten bekannt. In tschechischen Wiesen- und Wald-Mofetten wurden inzwischen mehrere Arten auf oder direkt neben Ausgasungsstellen gefunden. Hierzu zählen die Rauhfußröhrlinge (Rotkappen) *Leccinum versipelle, L. scabrum, L. aurantiacum*, sowie der Steinpilz *Boletus edulis*. Als Mykorrhizapartner direkt neben einer Birke wurde *Inocybe lacera* am Rande einer stark gasenden Mofette entdeckt (Saßmannshausen, mündl. Mitt.). In dem künstlich gefassten Mofettenbecken in Bad Pyrmont überziehen Pilzmyzelien periodisch den Boden sowie Teile der Mauern (Abb. 33). Bislang widersetzte sich dieser Mofetten-Pilz jedoch der genauen Bestimmung.

Abb. 33: Der CO_2-Pilz von Bad Pyrmont. Das Pilzmyzel wächst am Boden und an den Wänden der ummauerten Mofette bei CO_2-Konzentrationen um 40%.

10.3 Pflanzen und Mofetten

„Die fixe Luft ist eine wahre Säure.....Die Pflanzen gedeihen nach Priestley's Versuchen nicht in ihr, ob sie gleich, wie D. Ingenhouß (Versuche mit Pflanzen rc.) gezeigt hat, im luftsauren Wasser sehr gut vegetieren, und die Säure aus demselben in sich nehmen"... (Gehler 1789).
Außer anaërob lebenden Bakterien und Archaeen sind Pflanzen die einzigen Lebewesen, die an Mofettenstandorten längerfristig vorkommen können. Einige von ihnen scheinen Mofettenstandorte sogar zu bevorzugen. Diese Arten können indikativ als Zeiger für das Vorkommen von CO_2 genutzt werden. Doch warum wachsen bestimmte Pflanzen in Mofettengebieten und andere nicht? Dieser Frage soll im Folgenden nachgegangen werden.

10.3.1 Pflanzen sterben ab

Vielen Pflanzen ergeht es wie den Tieren. Sie können an Mofettenstandorten nicht gedeihen; sie sterben über kurz oder lang ab. Andere können erst gar nicht auskeimen; ihre Samen können bei der vorherrschenden Sauerstoffarmut im Boden entweder keine Keimwurzeln ausbilden oder ihre jungen Wurzeln verfaulen innerhalb kürzester Zeit. An solchen Standorten ist der Boden meist frei von jeglicher Vegetation (Abb. 34).

Abb. 34: Mofette auf einem toskanischen Acker in der Nähe von Florenz.

Auch in der kalifornischen Caldera von Long Valley (Sierra Nevada) wirkte sich ausgasendes CO_2 verheerend auf die Vegetation aus. Zwischen 1978 bis 2003 war es in einem Hochtal bei Mammoth (Horseshoe Lake) zu mehreren Erdstößen gekommen und Erdspalten hatten sich geöffnet, aus denen enorme Mengen Kohlendioxid strömten (Hill und Prejean 2005). Große Teile der Kiefernwälder (*Pinus contorta* – Drehkiefer) an den Flanken des Tales starben ab (Abb. 21). Ursache waren die sehr hohen CO_2-Ausgasungen und die dadurch dramatisch abgesenkten Sauerstoffkonzentrationen im Boden. Kiefern sind im Gegensatz zu Sumpfpflanzen nicht in der Lage, ihre unterirdischen Organe mit Sauerstoff zu versorgen. Wegen des Sauerstoffmangels im Boden kam es zum Absterben der Wurzeln und folglich zum völligen Ausfall der Bäume. Im Jahre 2003 konnte jedoch schon wieder Wachstum junger Kiefern beobachtet werden (Pfanz, unveröffentlicht). Die Ausgasung des CO_2 hatte sich deutlich verringert. Es scheint, als könne der trockene Kiefernwald diese Gegend erneut besiedeln.

10.3.2 Wuchs und Aussehen der Pflanzen ändern sich

Ausgasungsstellen von CO_2 müssen nicht zwangsläufig vegetationsfrei sein. Neben gut angepassten Spezialisten (die weiter unten besprochen werden), gibt es viele, kaum spezialisierte Pflanzenarten, die an Mofettenstandorten mehr oder weniger gut gedeihen. In nord-slowenischen Wiesen-Mofetten aber auch an vielen Stellen der Vulkaneifel kann man diesbezügliche Beobachtungen machen. Häufig ist es so, dass die jeweiligen Pflanzenarten umso kleinwüchsiger sind, je näher sie an den eigentlichen Ausgasungsstellen wachsen (Abb. 35; Turk et al. 2001, Pfanz et al. 2004, 2007). In der Abbildung 36 erkennt man die unterschiedliche Höhe des Bewuchses eines *Phacelia*-Feldes im Wehrer Kessel.

Abb. 35: Getreide (Triticale) von einem Acker in der Nähe von Glees, Eifel. Die Größe der Ähren und die Anzahl der Körner waren abhängig von der CO_2-Konzentration im Boden. Nur bei niedrigen CO_2-Konzentrationen in Kontrollböden wuchs die Pflanze normal und bildete große Ähren.

Abb. 36: Unterschiedlich hohe Phacelia-Pflanzen auf einem Acker im Wehrer Kessel. Niedrige Pflanzen weisen auf das Vorhandensein erhöhter Konzentrationen von CO_2 im Boden hin.

Absolute Zahlen der verschiedensten Pflanzenparameter gibt die Tabelle 4 für das Büschelschön (*Phacelia tanacetifolia*) auf einem Feld im Wehrer Kessel an. Man sieht sehr deutlich, dass eine Erhöhung der Bodengaskonzentration einen starken Einfluss auf die Größe der Pflanzen sowie auf Größe und Trockenmasse der einzelnen Pflanzenorgane hat.

Die meisten Pflanzen, die in der Nähe der eigentlichen Ausgasungsstellen wachsen, sind deutlich kleinwüchsiger und zeigen eine verminderte Wurzeltiefe als solche von Kontrollstandorten (Turk et al. 2002, Vodnik et al. 2003, Pfanz et al. 2004). Häufig sind die Blätter kleiner, die Blütenzahl ist reduziert und die Samenbildung vermindert (Stubbe 2002). Charakteristisch ist auch ein reduzierter Chlorophyllgehalt der Blätter sowie eine schlechtere Nährstoffversorgung der gesamten Pflanze (Pfanz et al. 2004, 2007). Die Blattphotosynthese von Lieschgras (*Phleum pratense*) und Hühnerhirse (*Echinochloa crus-galli*) zeigte in Mofettenfeldern deutliche Veränderungen, sowohl in den absoluten Photosyntheseraten, als auch im CO_2-Kompensationspunkt und in der Carboxylierungskapazität (Pfanz et al. 2004, Vodnik et al. 2003). Die Veränderungen der Transpiration durch extrem hohes CO_2 sind bei Vodnik et al. (2003) dargestellt.

Tab. 4: Trockengewichte, Blattflächen, Stomatadichte und Pflanzenhöhe verschiedener Organe des Rainfarnblättrigen Büschelschöns (Phacelia tanacetifolia) in Abhängigkeit von der CO_2-Konzentration in 30 cm Bodentiefe auf einem Feld im Wehrer Kessel. Angegeben sind die Mittelwerte; die Standardabweichungen sind aus Gründen der Übersichtlichkeit weggelassen worden (aus Stubbe 2002) (n = 10).

Organ	**CO_2-Konzentration im Boden**		
	2,5% CO_2	**41,4% CO_2**	**88,8% CO_2**
Blattmasse (gesamt)	69,1 g	5,4 g	2,9 g
Blütenmasse (gesamt)	65,6 g	6,7 g	3,9 g
Stängel (gesamt)	189,9 g	14,7 g	5,3 g
Wurzel (gesamt)	1,9 g	1,5 g	0,7 g
Gesamtpflanze	236,5 g	28,2 g	12,8 g
Pflanzenhöhe	ca. 70 cm	ca. 58 cm	ca. 32 cm
Blattflächen	ca. 40 cm^2	ca. 17 cm^2	ca. 6 cm^2
Stomatadichte (Anzahl pro mm^2)	107	170	243

10.3.3 Tolerante Pflanzen können wachsen – die azonale Vegetation

Obwohl es (vielleicht mit einer Ausnahme: *Agrostis canina* ssp. *monteluccii*; Abb. 37) keine echten Mofettenpflanzen gibt, scheint es einer größeren Gruppe von Pflanzen gelungen zu sein, bestimmte Standortvorteile zu nutzen und so Mofetten zu besiedeln. Sie gedeihen in den Ausgasungsfeldern jedoch nicht weil, sondern obwohl die Umstände widrig sind. In Mitteleuropa sind es häufig Sumpfpflanzen (Helophyten), die an die Gegebenheiten von Mofetten teilweise hervorragend angepasst sind. Ein Hauptkriterium scheint hierbei das Tolerieren sauerstoffarmer Böden zu sein. Diese Helophyten können vermittels bestimmter physiologischer und anatomisch-morphologischer Besonderheiten Sauerstoff mit den oberirdischen Organen via Photosynthese bilden und zu den unterirdischen Organen (Wurzeln, Rhizomen) leiten. Wenn sich die zu versorgenden Wurzeln in der Nähe der Bodenoberfläche befinden, kann dies über kurze Strecken durch normale Diffusion geschehen. Es gibt aber auch die Variante, dass unter Nutzung von Temperaturunterschieden bei tiefer im Boden liegenden Wurzeln eine beschleunigte Diffusion, die sogenannte Thermoosmose in Gang gesetzt wird. Diese Technik setzen sonst nur Sumpf- oder Schwimmblattpflanzen ein (allerdings auch Erlen). Man findet in den Stängeln und Wurzeln solcher Pflanzen meist sehr große Interzellularräume, die der leichteren Leitung des Sauerstoffs nach unten dienen. Dieses Gewebe wird seiner Funktion gemäß auch Aërenchym (Luftgewebe) genannt. Die teilweise riesigen Gasräume erlauben es dem Sauerstoff, ohne große Widerstände von

Abb. 37: Das Mofettengras Agrostis canina ssp. montelucci am Ufer einer Fluss-Mofette in der Nähe von Viterbo, Italien.

Orten höherer Konzentration (Blatt) zu Orten des Verbrauchs (Wurzel) zu diffundieren.

Bestimmte Sumpfpflanzen, wie das Schilfrohr (*Phragmites australis*), haben noch einen zusätzlichen Trick, um unterirdische Organe mit Sauerstoff zu versorgen. Hierbei wird eine physikalische Besonderheit ausgenutzt, die man Venturi-Ventilation nennt, und die auch bei nicht lebenden Röhrensystemen funktionieren kann. Wenn der Wind über oben offene Röhren weht, erzeugt er einen Unterdruck in diesen Röhren. Dieser Unterdruck sorgt dafür, dass Luft aus dem Inneren der Röhre herausgesaugt wird. Über eine korrespondierende Öffnung (z. B. ein anderes, offenes Ende der Röhre) wird dann vermittels angesaugter Außenluft das verdrängte Luftvolumen ersetzt. Beim Schilfrohr spielen abgebrochene, tote, meist vorjährige Stängel die Rolle der offenen Röhren. Der darüber streichende Wind entzieht der Röhre die verbrauchte Luft, die durch Nachströmen über andere abgebrochene Stängel (oder evtl. über lebende Blätter) mit unverbrauchter, sauerstoffhaltiger Außenluft ersetzt wird. Die dazwischen liegenden Rhizome und Wurzeln erhalten so den zur Atmung nötigen Sauerstoff – die Pflanzen überleben.

Ein Lehrbuchbeispiel ist auch die Mofette „U1“ am Ostufer des Laacher Sees. Im heißen Sommer 2006 wurden dort in geringer Bodentiefe CO_2-Konzentrationen von über 95% gemessen. Die Stelle ist mit Süß- und Sauergräsern bestanden, die teilweise eine extrem hohe Toleranz gegenüber hohen Kohlendioxidkonzentrationen (sowie Sauerstoffmangel) auszeichnet. Das Wachstum der Sumpf-Segge (*Carex acutiformis)* beschreibt exakt die Stellen, an denen die CO_2-Gaskonzentrationen im durchwurzelten Boden extrem hoch sind. Bestimmte Süßgräser (e.g. *Deschampsia cespitosa*) wachsen nur dort, wo die Gaskonzentrationen schon deutlich niedriger sind. Wieder andere Pflanzenarten zeigen nahezu gasfreien Boden an. Zwischen einem sehr einheitlichen Seggenbestand (*Carex acutiformis*) und einem ebenfalls einheitlichen Bestand aus Immergrün (*Vinca minor*) ändert sich die CO_2-Konzentration in 20 cm Bodentiefe innerhalb weniger Dezimeter von über

Abb. 38: Ausschnitt aus der Mofette U1 am Ostufer des Laacher Sees im Herbstaspekt. Der Übergang zwischen dem hohen Carex-Bestand (etwa Bildmitte) und der fast vegetationsfreien Stelle vorne links mit wenigen Horsten der Rasenschmiele ist deutlich zu erkennen. In 20 cm Tiefe unterhalb des Carex-Bestandes wurden im Sommer 2006 über 80% CO_2 gemessen. Die Bäume im Hintergrund sind wegen der hohen Bodenkonzentrationen von CO_2 deutlich im Wuchs gehemmt.

90% auf etwa 10-15%. Die Sauerstoffkonzentration im Boden steigt dabei gleichzeitig von ca. 5% auf nahezu 20% an. Ähnliche Beobachtungen wurden innerhalb derselben Mofette auch beim Übergang zwischen Wuchsorten von Seggen und Schneebeeren (*Symphoricarpos albus*) gemacht. Die botanische Mofettenkunde ist erst am Anfang und vegetationsbestandene Mofetten sind seltene Kleinodien, die es zu schützen gilt. Leider wird auch in der „U1" – wie überall am Laacher See – die eigentlich geschützte Fläche durch lagernde und badende Touristen sowie durch freilaufende Hunde sehr stark beeinträchtigt und ihres typischen Charakters durch Tritt und Defäkation beraubt.

11. Kann man Mofetten suchen?

Mofetten kann man suchen und natürlich auch finden. Voraussetzungen sind entweder pures Glück oder exquisite Kenntnisse in Botanik, Geologie oder **Zoologie**.

Beginnen wir mit letzterem. Eine Häufung von Tierleichen in vulkanischem Gebiet könnte ein erstes Indiz für CO_2-Ausgasungen sein. Wie schon erwähnt sterben Tiere bei CO_2-Konzentrationen über 5-8% innerhalb weniger Minuten. Daher kann man *olfaktorisch*, die Nase nutzend, durch Mofettengebiete streifen, um über den Geruch verwesender Tierleichen die Ausgasungsstellen zu orten (Saßmannshausen, mündl. Mitteilung). Das Fehlen von Maulwurfshügeln, Ameisenhaufen oder eine dramatische Verringerung der Bodenfauna können möglicherweise ebenfalls indizierend sein.

Geologische Kenntnisse helfen deutlich besser, Störungen in vulkanischem Gebiet zu orten, an denen sich möglicherweise Ausgasungen befinden. Mit geeignetem Kartenmaterial und einem Auge für geomorphologische Besonderheiten gelingt es dem geschulten Geologen meist, Störungen der Tektonik im Gelände auszumachen. Neu ist die Charakterisierung von Mofetten mit Hilfe geoelektrischer Techniken (Flechsig et al. 2008).

Ist man in **Botanik** und **Vegetationskunde** geschult oder besitzt ein gerüttelt Maß an pflanzlicher Artenkenntnis, kann man anhand der azonalen Vegetation, i.e. der „botanischen Störungen" auf „geologische Störungen" rückschließen. Dieses Verfahren, geogene CO_2-Ausgasungen vermittels Vegetationsstörungen zu lokalisieren, hat sich in Mitteleuropa bereits bewährt und soll nun auch auf außereuropäische Standorte übertragen werden. Inzwischen versucht man mit Hilfe von Luftaufnahmen botanische Störungen zu orten und dadurch Regionen vulkanischer CO_2-Exhalationen auszuweisen.

Abb. 39: Stark gasende Mofetten halten Böden im Winter oft frei von einer Schneebedeckung.

Mittlerweile wurden diverse Pflanzenarten ausgemacht, die entweder gehäuft in Mofettennähe vorkommen oder im Gegensatz dazu Ausgasungsstellen strikt meiden. Mit Hilfe solcher Zeigerpflanzen kann man vom Wuchsort der Pflanze auf die Bodengaskonzentration von CO_2 und O_2 schließen. So etwas nennt man Bioindikation oder in unserem speziellen Fall Phyto-Geoindikation, da mit Pflanzen physikalisch-chemische Zustände des Bodens beschrieben werden können.

In manchen schneesicheren Gebieten kann man im Winter besonders stark gasende Mofetten anhand der fehlenden Schneedecke erkennen (Abb. 39). Nach heftigem Regen kann man sogar *akustisch* Ausgasungsstellen finden. Fauchen, Glucksen und Zischen verrät dann die Orte hoher Gasflüsse.

Eine ebenfalls neue und unglaublich spannende Methode um Ausgasungsstellen zu finden, ist die Nutzung einer Abwandlung der **Thermographie**. Die Abb. 40 auf der folgenden Seite zeigt Aufnahmen, die Wissenschaftler des Forschungszentrums der Deutschen Luft- und Raumfahrttechnik in Oberpfaffenhofen innerhalb einer italienischen Mofette gemacht haben (vgl. auch Tank et al. 2008).

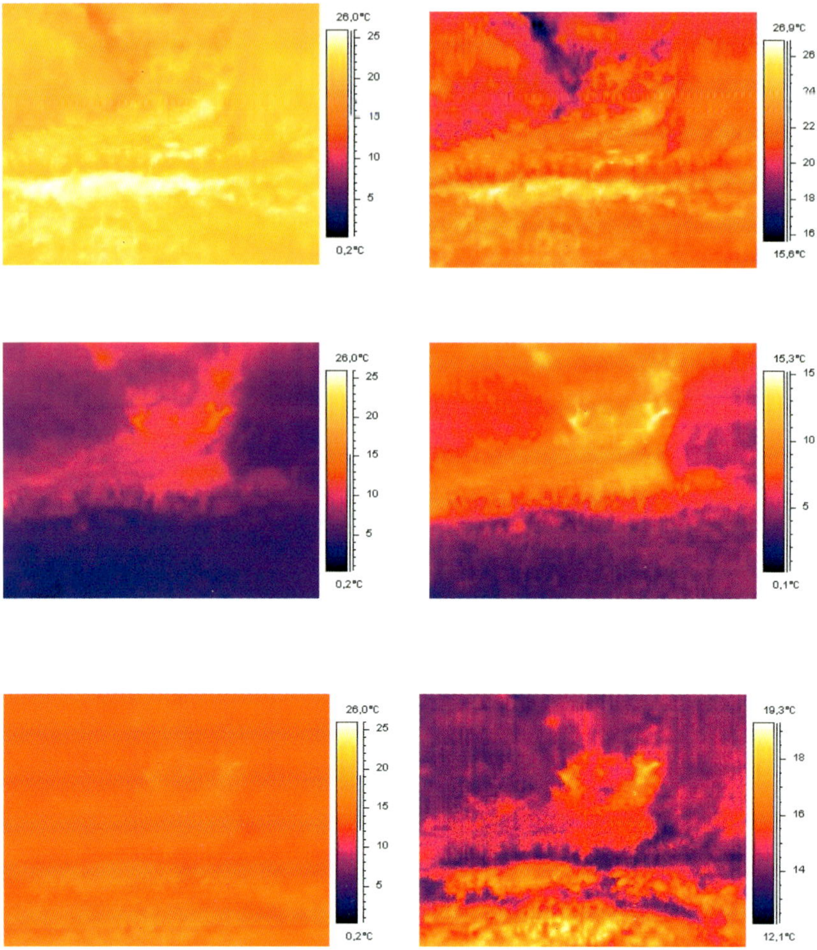

Abb. 40: Thermographie einer stark gasenden Stelle in einer italienischen Tal-Mofette. Die Aufnahmen wurden zu verschiedenen Tageszeiten gemacht. Mit freundlicher Genehmigung durch PD Dr. V. Tank. Details bei Tank, Pfanz, Kick 2007.

12. Die Bedeutung und Nutzung von Mofetten

Da im Kapitel 5 auf die Nutzung von isoliertem Kohlendioxidgas schon *in extenso* eingegangen wurde, soll hier nur noch der Aspekt des CO_2 in seiner „natürlich-geogenen“ Umgebung, den Mofetten näher beleuchtet werden.

12.1 Mystische Orte und Opferstätte

Schon in vorgeschichtlicher und geschichtlicher Zeit sind Mofettengebiete als heilige Orte genutzt worden. Bei Vergil ist nachzulesen, dass die Irpiner im Santuario di Mefite, einem heiligen Hain, der Göttin Mephitis huldigten und Opfer darbrachten. Viele der Opfergaben aus Gold oder Bernstein sind wegen der besonderen, Sauerstoff-freien Atmosphäre der Mofettenböden bis heute sehr gut erhalten und im Museum vor Ort zu bestaunen. Der römische Historiker und Geograph Strabon (etwa 63 v. Chr. – 26 n. Chr.), dessen Werke eine Hauptquelle für unser Wissen um die antike Welt darstellen, bezeichnet in seinem Werk „Geographica" den Krater Solfatara bei Pozzuoli/Neapel als „Forum Vulcani" an welchem auch dem römischen Gott Vulcanus gehuldigt wurde. Auch das Orakel von Delphi scheint einen Bezug zu Mofetten zu haben. Es gibt Berichte, nach welchen sich die Priesterinnen (e.g. Pythia) des dem Apollo geweihten Tempels vor ihren Weissagungen „Erdgasen" ausgesetzt hätten und dadurch in Trance geraten wären (Sauerstoffmangel?). Ethylen, Methan und vor allem Kohlendioxid werden hier diskutiert.

12.2 Wirtschaftliche Nutzung

Johann Jacobs ein Hauptlehrer aus Brohl schreibt 1913 ...„*in Burgbrohl blüht das Kohlensäuregewerbe. An unzähligen Stellen entströmt die Kohlensäure im Brohltal den Erdspalten"*. Und Ahrens schreibt 1930, dass Kohlensäure im Brohltal früher in allen Kellern auftrat (siehe auch Kurt Degen 2001). Von diesen Mofetten profitieren noch heute die bekannten Mineralwasserproduzenten der Eifel (Dechen 1864, Dressel 1871). Über die Nutzung von Kohlendioxid in der Gegend um den Laacher See hat Kurt Degen (2001) eine hervorragende Zusammenfassung geschrieben. Er schreibt von fast 40 Mineralwasserquellen und unzähligen trockenen Austritten im Brohltal und seinen Seitentälern.

12.2.1 Die Gewinnung von Mineralwässern

Wer kennt und schätzt nicht die bekannten Mineralwässer der Eifel? Gerolsteiner, Tönnissteiner, Rhodiusquelle und wie sie alle heißen, sind hochgeschätzte und teilweise weltweit verkaufte Mineralwässer, die ihren Ursprung und natürlich auch ihren Geschmack der Quellkohlensäure der Eifeler Vulkane verdanken. Über die lokalen Mineral- und Heilquellen der Region Brohltal/Laacher See berichten Stoffels und Thein (2000) ausführlich (siehe auch Becker 1950, Meyer 1991, May 1994, 2002). Die mineralreichen Wässer der Eifel waren nachweislich schon den römischen Eroberern bekannt. Viele Beschreibungen und Münzfunde weisen auf diese Tatsache hin (Murken 1991, Degen 2001, Stoffels und Thein 2000). Nach Degen (2001) ist aus dem frühen Mittelalter wenig über die Nutzung von CO_2 und Mineralquellen überliefert, wohl aber ab dem 16. Jhdt. wo der in Andernach geborene Arzt Johannes Guinterius in seinem 1565 erschienenen Werk „Commentarius de balneis at aquis medicatis" auf verschiedene Heilquellen und deren Verwendung eingeht und ihnen einen *gustu gratissimus* (sehr guten Geschmack) zuschreibt (aus Degen 2001). Des Weiteren wird berichtet, wie Jakobus Theodorus Tabernaemontanus in seinem 1593 erschienenen „Neuw Wasserschatz" die Qualität der Wässer im Tönissteiner Tal lobt (Tabernaemontanus 1593, Stoffels und Thein 2000). Neben Holtzemius (1620) und Johannes Hiskia Cavdilusius (1680) die solche Quellen als ...*„die fürnehmsten teutschen Saur und Gesundheit Brunnen"* ... beschrieben, ist Mathaeus Merian (1646) der Autor, der in seiner „Topographica" sehr ausführlich auf diese Phänomene eingeht (Degen 2001). Hier sei ein von Degen (2001) entnommener Text aus Merian (1646) wiedergegeben: ...*„ein Meil wegs von Andernach nach Saurbronnen, Päuterborn genannt, welcher mit einem solches Getöss herfür quellet, dass man solche auf etliche schritt davon hören kann. Und ob er mal sehr kalt, so brodelt er doch und erhebt sich wie ein siedheisses Wasser, Ist den Bauersleuten sehr lieb, welche er, wann sie von Alter und Arbeit müde und mit Hitz und Durst beladen seyn, wunderlich erquicket"*. Die Liebe zum mittelrheinischen Mineralwasser hat sich über das späte Mittelalter bis in die Neuzeit erhalten (Murken 1991, Stoffels und Thein 2000, Degen 2001).

12.2.2 Herstellung von Chemikalien

Becker (1950) gibt eine detaillierte Übersicht über die Verwendung der sog. Quellkohlensäure in der mittelrheinischen Region. Er beschreibt, dass im 19. und beginnenden 20. Jahrhundert weltweit kaum Kohlensäuregewinnung betrieben wurde und in Deutschland das Zentrum der Kohlensäuregewinnung am Mittelrhein um die Ortschaften Hönningen, Brohl und Burgbrohl zu finden waren. Die hauptsächliche Verwendung für Quellkohlensäure war die Gewinnung von Bleiweiß ($Pb[OH]_2 \cdot PbCO_3$), die Herstellung doppeltkohlensaurer Salze und die Herstellung von Bariumprodukten und Nebenerzeugnissen (Becker 1950, Degen 2001). Direkt oder indirekt wurden Schwefelbarium, Bariumkarbonat und andere Bariumverbindungen, Blanc fixe, Perborate, Superphosphate und Schwefelsäure hergestellt. Interessant waren die Industrieansiedlungen direkt an Mofettenstandorten. Man sparte Frachtkosten und vor allem die umständliche Herstellung von Kohlendioxid aus Koks. Der Herstellung von kohlensaurem Barium (Bariumkarbonat) widmeten sich so bekannte Firmen wie die rheinische Kohlensäureindustrie Dr. Bunge & Co, Chemische Fabrik

Dr. Kerstiens und die Gustav Rhodius GmbH. In den Jahren 1886 bis 1889 stieg die Kohlensäureproduktion in Deutschland hauptsächlich getrieben durch die sechs mittelrheinischen Firmen von 240 Tonnen auf etwa 1000 Tonnen pro Jahr (Becker 1950). Lange Zeit waren Bleiweiß und Natriumbikarbonate die Hauptprodukte der Kohlensäurenutzung. Rheinische Mineralfarben waren allenthalben bekannt und gesucht. Die Ausnutzung der Quellkohlensäure für die Gewinnung von Bleiweiß ($Pb[OH]_2 \cdot PbCO_3$) folgt einem von Professor Bischof (Bonn) speziell für die Eifelregion angepassten Verfahren. *„Die dem Boden entströmende Kohlensäure wurde aus der luftdicht gefaßten Quelle durch ein Pumpwerk angesogen und in einen 4 Meter hohen, und 1,20 Meter breiten, strohumwickelten, hölzernen Turm getrieben. Von der Decke des Turmes tröpfelte der hoch gepumpten Kohlensäure eine konzentrierte Lösung von basisch essigsaurem Bleioxyd entgegen. Der Turm stand in einem Kasten, aus dem das sich bildende Bleiweiß abgelassen wurde"* ... (Becker 1950, Walter 1922). Zwischen 3000 und 4500 Tonnen Bleiweiß wurden so pro Jahr erzeugt.

12.2.3 Die Erbohrung von CO_2-Gas

Es steht außer Zweifel, dass die Römer die Thermalquellen und Mineralwässer der Eifel schätzten und ausgiebig nutzten (Murken 1991, Stoffels und Thein 2000, Degen 2001). Ob sie auch die trockenen Mofetten kannten, ist leider nicht überliefert. Die ersten Photos von Bohrtürmen zur Ausbeutung von CO_2-Gasquellen in der Laacher Region stammen von der Firma Gebr. Rhodius im Brohltal. Hier wurde zwischen 1890 bis 1892 erfolgreich versucht, das Gas in Bodentiefen bis zu 500 m zu explorieren (Photo Degen 2001, Seite 107). Als nach einem Patent von Raydt im Jahre 1880 die gewonnene Kohlensäure verflüssigt werden konnte, war der Durchbruch für die Lagerung und den Transport des Gases gelungen und die Gasindustrie blühte weiter auf. Firmen wie AGEFCO, Air Liquide, Carbo und Gustav Rhodius produzierten und produzieren teilweise noch heute in Gasflaschen komprimiertes CO_2 in großen Mengen und zwar nicht mehr nur für den heimischen Markt.

Kohlendioxid wird heutzutage an vielen Stellen Europas erbohrt und genutzt. Sowohl in Frankreich (Massif Central), in Italien (Toskana) als auch in der Eifel (Wehrer Kessel, Brohltal) sind viele Firmen dabei, das Gas aus bis zu 1000 m Tiefe zu fördern. Die Technik hat sich naturgemäß im Laufe der Zeit gewandelt. Zu Beginn bediente man sich halbkugeliger Metallhauben, die auf den ausgasenden Boden gesetzt, das Gas sammelten und über Pumpen abgesaugt wurden (Abb. 41). Später bohrte man dem aufsteigenden Fluid entgegen und presste Wasser in die Gegenrichtung. Hatte sich das Wasser mit dem CO_2-Gas angereichert, konnte man das Gas dann an der Oberfläche in kleinen Abscheidehäuschen aus dem Wasser rückgewinnen (Abb. 42). Die eigentlichen Bohrungen waren um die Jahrhundertwende noch sehr abenteuerlich (Abb. 43 und 44).

Abb. 41: Halbkugelförmige Absaugvorrichtung aus Metall zur Gewinnung von geogenem CO_2 im Wehrer Kessel (Firma Carbo).

Abb. 42: Abscheidetanks für CO_2 aus den nach oben gepumpten gashaltigen Wässern. Firma Carbo, Wehrer Kessel.

Abb. 43: CO_2-Bohrungen der Firma Carbo im Wehrer Kessel. Mit freundlicher Genehmigung durch Dr. Kraus, Fa. Carbo.

Abb. 44: CO_2-Bohrungen der Firma Carbo im Wehrer Kessel. Detail. Mit freundlicher Genehmigung durch Dr. Kraus, Fa. Carbo.

12.2.4 Mofetten und Tourismus – Geo-Biotope

Können trockene Gasaustritte touristisch attraktiv sein? Auf den ersten Blick wohl nicht. Ein durchsichtiges, nicht riechendes, dafür aber möglicherweise tödlich wirkendes Gas scheint nicht wirklich ein Anziehungspunkt für größere Menschenmassen zu sein. Weit interessanter ist es da schon, wenn das aufsteigende Gas zusammen mit Wasser empor strömt oder in Form kleiner Bläschen die Wasseroberfläche erreicht (Ostufer des Laacher Sees) oder blubbernde, saure Quellen und Säuerlinge bildet. Noch spektakulärer ist es natürlich, wenn das Aufsteigen in zeitlichen Abständen erfolgt und dann Wasserfontänen mehrere Dezimeter oder gar Meter hoch geschleudert werden. Heißwassergetriebene Geysire sind aus verschiedenen Regionen der Erde bekannt (Strokkur auf Island; Old Faithful im Yellowstone Nationalpark, USA). Durch CO_2 getriebene, kalte Geysire sind weitaus seltener. Hoch interessant sind daher die in der Eifel vorkommenden, ausschließlich durch den Gasdruck getriebenen Kaltwassergeysire, deren eruptierende Wassersäulen große Höhen erreichen (Namedy bei Andernach, Brubbel bei Wallenborn). Diese Geysire verdienen den Schutzstatus als Geotop, obgleich sie nicht wirklich natürlichen Ursprungs sind.
Obschon trockene Mofetten *per se* nicht attraktiv sind, haben sich trotzdem einige Orte etabliert, die mit ihren Mofetten werben und teilweise durch ihre Mofetten bekannt sind. Das "Naturphänomen Dunsthöhle" in Bad Pyrmont, in

der spannende Experimente mit dem schweren Gas für Erwachsene und Kinder verständlich vorgeführt werden, ist ein guter Beleg für die mögliche touristische Nutzung von CO_2-Quellen. In einem alten Buntsandsteinbruch gelegen, ist die Dunsthöhle inzwischen eine der Attraktionen des Staatsbades. Entdeckt wurde sie offenkundig durch Steinbrucharbeiter, denen ab einer bestimmten Tiefe im Steinbruch schlecht wurde und die häufig in Ohnmacht vielen. Von vielen Totfunden von Vögeln und anderen kleineren Tieren wird ebenfalls berichtet. Seit mehr als 200 Jahren begeistert der Austritt der trockenen Gase die Besucher, die mit schwebenden Luftballons und Seifenblasen die Existenz des schweren CO_2-Gas-Sees am Grunde der Höhle wahrnehmen. Auch das Auslöschen von Kerzen durch das nahezu Sauerstoff-freie Gas wird demonstriert (Abb. 45).

Abb. 45: Erlöschende Kerze nach Eintauchen der brennenden Kerze in den ca. 2,5 m hohen Gas-See in der ummauerten Mofette von Bad Pyrmont.

Viele sog. Hundsgrotten in Italien (Grotta del Cane bei Pozzuoli/Napoli) und Frankreich sind Tourismus-Magnete für Vulkanophile. Und nachweislich ziehen auch die kleinen, aber stetigen Bläschen am Ostufer des Laacher Sees immer wieder Touristen an.
Wünschenswert wäre natürlich auch der spezielle Schutz der trockenen Mofetten am Ostufer des Laacher Sees. Diese botanisch-geologischen Kleinodien werden durch die Unkenntnis der Besucher, Camper und illegal Badenden jedes Jahr ein Stückchen mehr zerstört.

12.2.5 Kuren und Balneologie

Obwohl Kohlendioxid in hohen Konzentrationen zum Narkotisieren und Töten von Vieh benutzt wird und – wie bereits geschildert – unter Menschen schon nachweislich Opfer gefordert hat, kann es unter kontrollierten Bedingungen auch heilsame Wirkung entfalten. Nach Gehler (1789) wird das CO_2 als *„Nachahmung von Sauerbrunnen"* jedoch *„hauptsächlich in ihrem Gebrauche bey faulen Krankheiten, z. B. Scorbut, Krebsschäden, Geschwüren, bösen Hälsen, bösartigen Pocken, Faulfiebern, Blasensteinen und anderen steinigten Concretionen*" benutzt. *„Sie gründen auch theils auf die fäulnißwidrige, theils auf die auflösende Eigenschaft dieser Luftgattung*".
Die Balneologie und auch das Vorkommen von Mofetten sind europaweit verbreitet; trotzdem werden Mofettenkuren hauptsächlich in Rumänien angeboten. Einer der bekanntesten Orte im transsylvanischen Rumänien ist Covasna. Hier bilden eingefasste und umbaute Mofetten die Heilstätten in denen die eigentlichen Anwendungen stattfinden. Auf den angebrachten Treppen sitzen die Patienten je nach Krankheit in verschiedenen Höhen über den bodennahen Gasaustritten. Die gefährlichsten Stufen sind naturgemäß die unteren. Hier ist die Überwachung durch die Ärzte am wichtigsten. Die Patienten beschreiben nach wenigen Minuten ein Wärmegefühl in der Haut. Die Erhöhung der Hauttemperatur ist auch mit Thermofühlern an Fingern, Zehen und der Nasenspitze klar nachzuweisen. Die bessere Durchblutung peripherer Organe und vor allem die Stimulation des Kreislaufs durch Kohlendioxid gelten seit langem als erwiesen. Ein ähnlich bekanntes Bad wie das in Covasna ist das Bad Baile Pucioasa Santimbru (das Stinkende Bad) in Csikszentimrei Büdösfürdö im Hargita-Gebirge (Rumänien). Wegen des gleichzeitig emittierten Schwefelwasserstoffes (welcher im ganzen Gebiet den Geruch verfaulter Eier verbreitet) ist dieses Bad jedoch etwas weniger frequentiert als die anderen medizinisch genutzten Mofettenorte in Transsylvanien.

Auch im deutschen Staatsbad Pyrmont werden Quellgas-Therapien angeboten. Ein vor etwa 200 Jahren in Pyrmont angestellter Heilarzt, Dr. J. P. Seip erkannte ein Gas als Ursache des bis dato unverstandenen Absterbens von Kleintieren. Der Fürst zu Waldeck und Pyrmont ließ später ein sog. „trockenes Schweißbad" errichten. Es diente zur Indikation gegen *„Fußgeschwülste, Gicht und Gliedersteifigkeit"* und noch heute dient es zur Hilfe bei peripheren Durchblutungsstörungen, Coronarinsuffizienz, schlecht heilenden Wunden und allergischen Erkrankungen".

12.2.6 Kampf dem Treibhauseffekt – die inverse Mofette

Durch die Verbrennung fossiler Brennstoffe wie Kohle, Erdöl und Erdgas gelangt vermehrt Kohlendioxid in die Atmosphäre. Neben der Industrie sind der Autoverkehr und die Heizungen privater Haushalte maßgeblich an der übermäßigen Freisetzung von Kohlendioxid beteiligt. Weltweit führt die Nordhemisphäre und hier vor allem die Vereinigten Staaten von Amerika und China die Phalanx der größten Verschmutzer unserer Atmosphäre durch das Treibhausgas CO_2 an. Im Protokoll von Kyoto und seinen Nachfolgetreffen haben sich die meisten (vernünftigen) Länder auf eine prinzipielle Reduktion der Ausstoßes der Treibhausgase geeinigt, wenngleich praktisch nicht wirklich etwas Richtungsweisendes passiert ist. Aufgrund des Treibhauseffektes kommt es zu einer Erwärmung unserer Atmosphäre mit ungeahnten Folgen für (1) die Verteilung des trinkbaren Wassers zwischen der Nord- und Südhemisphäre, (2) die Ausbreitung von Wüsten, (3) das Abschmelzen der Gletscher der Hochgebirge und Polargebiete sowie (4) Veränderungen der Meeresströmungen (IPCC 2007). Verzweifelt wird nach Lösungen zur Verminderung der Freisetzung von Treibhausgasen bei möglichst gleichbleibendem Wohlstand gesucht. Eine neue Variante, das Problem der Treibhausgase in den Griff zu bekommen, ist nun die Idee, überschüssiges CO_2 zu sammeln, um es in große Tiefen zurück zu pumpen. Internationale Großprojekte auf EU-Ebene sind hier beispielsweise GESTCO (European potential for geological storage of CO_2 from fossil fuel combustion“) und NASCENT (Natural analogues to the storage of CO_2 in the geological environment). An dieser vordergründig bestechenden Idee arbeiten bereits mehrere deutsche Behörden und Forschergruppen mit.

Das Abtrennen und Herausreinigen von Kohlendioxid aus Verbrennungsgasen ist jedoch schwierig sowie energie- und kostenintensiv (indirekt setzt man dabei wieder CO_2 frei!), doch zukünftige Technik mag es lösbar machen.

Weit schwieriger zu beurteilen und ein möglicherweise großes Problem für zukünftige Generationen ist allerdings die Frage, ob und in welcher Form das Kohlendioxid in den Tiefen des Meeres oder der Erdkruste auf Dauer verweilt. Niemand wird dafür Verantwortung tragen, wenn sich bei einer weiteren Erwärmung der Atmosphäre und der Meere die Gaslöslichkeit für CO_2 allmählich ändert. Ein kontinuierliches Ausgasen des gasförmigen Abfalls könnte die Folge sein. Ähnlich katastrophal könnten sich verändernde Meeresströmungen (für uns in Europa wichtig ist hier der Golfstrom) auswirken, die dann die Gasdepots der Tiefsee verdriften könnten. Was geschieht, wenn solch gigantische Gasblasen dann in Zonen vulkanischer Tätigkeit geraten oder in plattentektonisch jungfräuliche Gebiete mit vermehrter Erdbebenhäufigkeit gelangen? Wie immer, wenn *Homo sapiens* manipuliert, ist es ein Spiel mit hohem und meist nicht abschätzbarem Risiko.

12.2.7 Hollands Gewächshäuser – doppelte Nutzung

Eine erfolgversprechende und angeradezu geniale Idee aus den Niederlanden ist die Verwendung von CO_2 aus diversen Abgasen als Pflanzendünger. Jedem Botaniker und Gärtner ist seit Priestleys Untersuchungen bekannt, dass man das Wachstum von Pflanzen nicht nur durch Licht, Wasser und Nährstoffe fördern kann, sondern vor allem durch die Erhöhung der CO_2-Konzentration in der die Pflanzen umgebenden Atmosphäre. Der derzeitige Gehalt der Atmosphäre ist mit 0,037 Vol. % zwar für unser Problem des Treibhauseffektes schon besorgniserregend hoch, für optimales Pflanzenwachstum jedoch noch lange nicht befriedigend. Hier wären Konzentrationen um 0,2% optimal. Dies wissen und nutzen die holländischen Gewächshausbetreiber seit langem und heizen ihre Treibhäuser mit Öl- und Kohleöfen, um eine zwei- bis fünffache Konzentration von Kohlendioxid zu erreichen. Bei optimaler Wässerung und guter Nährsalzversorgung der Pflanzen ist eine deutliche Steigerung des Ertrages der Lohn. Warum aber sollte erst fossiler Brennstoff verbrannt werden, um zu dem gewünschten Dünge-CO_2 zu kommen, wo doch anscheinend CO_2 in den Abgasen vieler Betriebe kostenlos zur Verfügung steht. Findige Ingenieure konstruierten daher Gas-Pipelines zwischen den Abgaserzeugern und den CO_2-benötigenden Pflanzenbetrieben (Stützel 2006). Die Abgase einer Raffinnerie bei Rotterdam werden via Pipelines zu den Gewächshausbezirken im Süden Amsterdams geleitet. Und das Konzept scheint zu greifen. Welch eine vortreffliche Idee, ein Abgas auf solch elegante Weise in einen nutzbringenden Dünger umzuwandeln und dies auch noch gewinnbringend. In unserem Zusammenhang könnte man sich natürlich auch vorstellen, geogenes Mofettengas zur Pflanzendüngung einzusetzen. Das Problem in Deutschland ist jedoch, dass derzeit in der Nähe von Mofetten kaum gärtnerische Abnehmer für große Mengen Kohlendioxid vorhanden sind. Vielleicht wird sich hier aber in Zukunft ein Lösungsweg anbieten.

13. Zitate sowie weiterführende Literatur

Aeschbach-Hertig W., Kipfer R., Hofer M., Imboden D. M., Wieler R., Signer P. (1996): Quantification of gas fluxes from the sub continental mantle: The example of Laacher See, a maar lake in Germany. Geochim Cosmochim Acta 60: 31-41.

Ahrens W. (1930): Geologisches Wanderbuch durch das Vulkangebiet des Laacher Sees in der Eifel. Enke, Stuttgart.

Andres H. (1926): Aus der Pflanzenwelt des Laacher Sees. Verh. Naturhistor. Ver. Preuß. Rheinl. Westf. 83, 65-81.

Andreas H. (1926): Aus der Pflanzenwelt des Laacher Sees. In: Zepp P. (Hrsg.) Die Laacher Landschaft – Stimmen zu ihrer Erhaltung. Aus Natur und Heimat 1: 65-81.

Barberi F., Chelini W., Marinelli G., Martini M. (1989): The gas cloud of Lake Nyos (Cameroon 1986): Results of the Italian technical mission. J. Volcanol. Geotherm. Res. 39: 125-134.

Barnes I., Irwin W. P., White D. E. (1978): Global distribution of carbon dioxide discharges and major zones of seismicity. US Geological Survey, Water Resources Investigations 78-39, 12 pp.

Batiĉ F., Bernik R., Pfanz H., Wittmann C., Širĉelj H., Schmidt J., Turk B. (1999): Effects of elevated CO_2 concentrations from natural sources on anatomy and physiology of selected plant species. In: Kaligaric M., Skornik S. (eds). SNACE, FACE and OTC's CO_2 enrichment at the leaf/air interface and/or the root/soil interface; results in growth and development of plants. University of Maribor, pp 10-11.

Baxter P. J., Kapila M. (1989): Acute health impact of the gas release of Lake Nyos, Cameroon 1986. J. Volcanol. Geotherm. Res. 39: 266-275.

Becker W. (1950): Die Mineralbrunnen- und Kohlensäureindustrie am Mittelrhein und ihre wirtschaftliche Verflechtung. Dissertation Universität zu Köln.

Bettarini I., Grifoni D., Miglietta F., Raschi A. (1999): Local greenhouse effect in a CO_2 spring in Central Italy. In: Raschi A., Vaccari F. P., Miglietta F. (eds.). ecosystem response to CO_2: the MAPLE project results. European Commission. EU 19100, Brussels, pp 13-23.

Bräuer K., Kämpf H., Strauch G., Weise S. M. (2003): Isotopic evidence ($^3He/^4He$, $^{13}CO_2$) of fluid triggered intraplate seismicity. J. Geophys. Res. 108: 2070.

Bredehoeft J. D., Ingebritsen S. E. (1990): Degassing of carbon dioxide as a possible source of high pore pressure in the crust. In: Bredehoeft J. D. (ed.). The role of fluids in crustal processes. Natl. Res. Council, Washington DC, pp 158-164.

Bullard F. M. (1976): Volcanoes of the Earth. Newton Compton, Rom.

Bundesamt für Arbeitsschutz und Unfallordnung (Hrsg.) (1982): Chemikaliengesetz. Dortmund.

Carapezza M., Gurrieri S., Nuccio M. P., Valenza M. (1984): CO_2 and H_2S concentrations in the atmosphere at the Solfatara of Pozzuoli. Bull Volcanol. 47: 287-293.

Carapezza M. L., Turchini L. 82007): Geochemical evidence of huge magmatic degassing from the quiescent Alban Hills volcano (Rome, Italy). Submitted to EPSL.

Carle W. (1975): Die Mineral-Thermalwässer von Mitteleuropa. Wiss. Verlagsgesellschaft, Stuttgart.

D'Alessandro W. (2006): Gas hazard: an often neglected natural risk in volcanic areas. In: Martin-Duque J. F., Brebbia C. A., Emmanouloudis D. E., Mander U. Geo-Environment & Landscape Evolution II. WIT Press Southampton, UK, 369-378.

Dechen von H. (1864): Geognostischer Führer zu dem Laacher See und seiner vulkanischen Umgebung. Cohen & Sohn, Bonn.

Degen K. (2001): Geschichte der Bodenschätze im Brohltal. Rhein. Verein für Denkmalpflege.

Degen R. (2004): Collegium Maximum. Erinnerungen an die Jesuiten-Villa am Laacher See. Teil 1. Olbrück Rundschau 53, 22-23.

Degen R. (2005): Collegium Maximum. Erinnerungen an die Jesuiten-Villa am Laacher See. Teil 2 und 3. Olbrück Rundschau 01/02, 20-21 und 36-37.

Dressel L. (1871): Geognostisch geologische Skizze der Laacher Vulkangegend. Münster.

Farrar C. D. et al (1995): Forest-killing diffuse CO_2 emissions at Mammoth Mountain as a sign of magmatic unrest. Nature 376: 675-678.

Fink G. (1993): Who's who in der antiken Mythologie. dtv-Verlag, München.

Fischer T., Horalek J. (2003): Space-time distribution of Earthquake swarms in the principal focal zone of the NW-Bohemian/Vogtland seismoactive region: period 1985-2001. J. Geodyn 35: 125-144.

Flechsig Ch., Bussert R., Rechner J., Schütze C., Kämpf H. (2008): The Hartoušov Mofette Field in the Cheb Basin, Western Eger Rift (Czech Republic): a comperative geoelectric, sedimentologic and soil gas study of a magmatic diffuse CO_2-degassing structure. Zeitschrift für Geowissenschaften, im Druck.

Fricke K. (1968): Zur Entstehung con CO_2-Gas-Lagerstätten. XXIII. Int. Geol. Congress. Genesis of mineral and thermal waters 17: 205-212.

Funiciello R., Giordano G., De Rita D., Carapezza M. L., Barberi F. (2002): L'attivita recente del cratere del Lago Albano di Castelgandolfo. Rend. Acc. Naz. Lincei 9, 113-143.

Gehler J. S. T. (1789): Physikalisches Wörterbuch oder Versuch einer Erklärung der vornehmsten Begriffe und Kunstwörter der Naturlehre. Zweyter Theil: von Erd bis Lin. Leipzig, Schwickert.

Geissler W. H., Kämpf H., Kind R., Bräuer K., Klinge K., Plenefisch T., Horalek J., Zednik J., Nehybka V. (2005): Seismic structure and location of a CO_2 source in the upper mantle of the Western Eger rift, Central Europe. Tectonics 24: TC 5001.

Giggenbach W. F., Sano Y., Schmincke H. U. (1991): CO_2-rich gases from Lake Nyos and Monoun, Cameroon; Laacher See, Germany; Dieng, Indonesioa, and Mt. Gambier, Australia – variations of a common theme. J. Volcanol Geotherm Res 45: 311-323.

Heinicke J., Koch U., Martinelli G. (1995): CO_2 and radon measurements in the Vogtland area (Germany) – A contribution to earthquake prediction research. Geophys. Res. Lett 22: 771-774.

Heinicke J., Koch U. (2000): Slug flow – A possible explanation for hydrogeochemical earthquake precursors at Bad Brambach, Germany. Pure and Applied Geophys 157: 1621-1641.

Heinicke J., Braun T., Burgassi P., Italiano F., Martinelli G. (2006): Gas flow anomalies in seismogenic zones in the Upper Tiber valley, central Italy. Geophys. J. Int 167, 794-806.

Hermann U., Leisering H., Hellerer H. (1985): Knaur – Das deutsche Wörterbuch. Lexikographisches Institut München.

Hill D. P., Prejean S. (2005): Magmatic unrest beneath Mammoth Mountain, California. J. Volcanol. Geotherm. Res. 146: 257-283.

Hörter F. (1992): Das Bayer-Loch am Laacher See. Eifel Jahrbuch 1992, 151-153.

Humboldt von A. (2004 resp. 1845): Kosmos. Entwurf einer physischen Weltbeschreibung. Enzensberger H. M. (Hrsg.). Die andere Bibliothek. Eichborn, Frankfurt.

Irwin W. P., Barnes I. (1980): Tectonic relation of carbon dioxide discharges and earthquakes. J. Geophys. Res. 85: 3115-3121.

Jacobs J. (1913): Wanderungen und Streifzüge durch die Laacher Vulkanwelt. In: Mordziol C. (Hrsg). Die Rheinlande in naturwissenschaftlichen und geographischen Einzeldarstellungen. Band 2. Westermann, Braunschweig, Berlin.

Julian B. R., Pitt A. M., Foulger G. R. (1998): Seismic image of a CO_2 reservoir beneath a seismically active volcano. Geophys. J. Int 133, 7-10.

Kaligariĉ M. (2001): Vegetation patterns and responses to elevated CO_2 from natural CO_2 springs at Strmec (Radenci, Slovenia). Acta Biol. Slov. 44 (1-2): 31-38.

Kämpf H., Peterk A., Rohrmüller J., Kümpel H.-J., Geißler W. H. (2005): The KTB deep crustal laboratory and the western Eger Graben. GeoErlangen 2005, 24.-29. 09. 2005, Erlangen.

Kämpf H., Geissler W. H. and K. Bräuer (2007): Combined gas-geochemical and receiver function studies on the Vogtland/NW-Bohemia intraplate mantle degassing field (western Eger rift, central Europe). – In: Ritter, J. R. R. and U. R. Christensen: Mantle plumes – A multidisciplinary approach, Springer, 127-158.

Koch U., Heinicke J. (1999): The precursor effects in the mineral spring „Radonquelle“, Bad Brambach prior to the January 14-19, 1997 earthquake swarm near Novy Kostel (NW Bohemia). Il Nuovo Cimento 22 (3-4), 431436.

Krinninger K.-D. (2001): Kohlendioxid – Kohlensäure – CO_2. Verlag Moderne Industrie, Landsberg, 2. Auflage.

Le Guern F., Tazieff H., Faivre-Pierret R. (1982): An example of health hazard: people killed by gas during a phreatic eruption. Dieng plateau (Java, Indonesia), February 20th, 1979. Bull Volcanol. 45, 152-156.

Lockwood J. (1986): „Plant leaf injury“ – leaf samples from lake Nyos, Cameroon. Report by Plant Stress Laboratory Scientists at U.S. Department of Agriculture. Beltsville, Mo. Preliminary Report on Sept. 17, 1986.

Maĉek I., Pfanz H., Vodnik D., Batiĉ F. (2003): Growth and root respiration of C4 plants under CO_2 enrichment. Acta Biol Slo 46(1), 35-39.

Maĉek I., Pfanz H., Francetiĉ V., Batiĉ F., Vodnik D. (2005) Root respiration response to elevated CO_2 – the effect of extremely high CO_2 concentrations at natural CO_2 springs. Environ Exp. Botany 54: 90-99.

Martinelli G., Panahi B. (Hrsg.) (2005): Mud volcanoes, geodynamics and seismicity. NATO Science Series. Earth and Environmental Sciences, Vol 51, Springer Verlag, Dordrecht, NL.

Martini M. (1993): Water and fire. Volcano island from 1977 to 1991. Geochem. J. 27, 301-307.

Martini M. (1997): CO_2 emissions in volcanic areas: case histories and hazards. In: Raschi A., Miglietta F., Tognetti R., van Gardingen P. R. (eds). Plant responses to elevated CO_2. Cambridge University Press, Cambridge.

May F. (1994): Zur Entstehung der Mineralwässer des Rheinischen Massivs. Diss. Universität Bonn.

May F. (2001): CO_2 flux in a dormant intraplate volcanic field: the Westeifel, Germany. In: Cidu (Hrsg.). Water-Rock Interactions, Swets und Zeitlinger, Lisse, 883-886.

May F. (2002): Säuerlinge der Vulkaneifel und der Südeifel. Mainzer Geowiss. Mitt. 31: 7-58

May F. (2002): Quantifizierung des CO_2-Flusses zur Abbildung magmatischer Prozesse im Untergrund der Westeifel. Shaker Verlag, Aachen.

Meyer W. (1991): Geologie der rheinischen Mineralwässer. In: LVR (Hrsg.): Wasserlust. Mineralquellen und Heilbäder im Rheinland. Schriften Rhein. Museumsamt 48: 70-81.

Meyer W. (1995): Geologischer Führer zum Geo-Pfad „Vulkanpark Brohltal/ Laacher See“. Görres Verlag Koblenz, 2. Auflage.

Minissale A. (2004): Origin, transport and discharge of CO_2 in central Italy. Earth-Science Reviews 66: 89-141

Murken A. H. (1991): Die lange Tradition der Badekuren. Zur Geschichte der Mineral- und Thermalbäder. In: LVR (Hrsg.): Wasserlust. Mineralquellen und Heilbäder im Rheinland. Rhein. Museumsamt 48: 10 35.

Nöggerath J. (1870): Der Laacher See und seine vulkanischen Erscheinungen. Lüderitz’sche Verlagsbuchhandlung, Berlin.

Nojiri Y., Kusakabe M., Tietze K., Hirabayasji J., Sato H., Sano Y., Shinokara H., Njine T., Tanyileke G. (1993): An estimate of CO_2 flux in Lake Nyos, Cameroon. Limnology and Oceanography 37, 747.

Paoletti E., Pfanz H., Raschi A. (2005): Pros and cons of natural CO_2 springs as experimental sites. In: Omasa K., Nouchi I., De Kok L. J. (eds). Springer Verlag, Tokyo, pp. 195-202.

Pfanz H., Vodnik D., Wittmann C., Aschan G., Raschi A. (2004): Plants and geothermal CO_2 exhalations – survival in and adaptation to a high CO_2 environment. In: Esser K., Lüttge U., Kadereit J. W., Beyschlag W. (Hrsg.). Springer Verlag, Berlin, Heidelberg. Progress in Botany 65: 499-538.

Pfanz H., Tank V., Vodnik D. (2005). Physiological reactions of plants at CO_2 emitting mofettes and thermal effect of emerging gas – probable use for remote sensing. Journal of Agricultural Meteorology 60 (6), 1189-1192.

Pfanz H., Wittmann C., Vodnik D., Aschan G., Batič F., Turk B., Maček I. (2007): Photosynthetic performance (CO_2-compensation point, carboxylation efficiency, and net photosynthesis) of timothy grass (Phleum pratense L.) is affected by elevated carbon dioxide in post-volcanic mofettes. Environ Exp Bot 61: 41-48.

Pfanz H., Saßmannshausen F., Schürenberg F., Kämpf, Stetzka K., Rennert T., Vodnik D., Totsche K. U., Flechsig C. (2008): Geogenic CO_2-exhalations and vegetation – an example from the Western Bohemian Poatky-Plesna fault zone. Zeitschrift für Geowissenschaften, eingereicht.

Philips H. (Hrsg.) (1993): Plinius Secundus C.: Epistulae, Liber VI. Lateinisch/Deutsch. Reclam jun, Stuttgart.

Rahm G. (1921): Naturkundliche Wanderungen am Eifelmaar. Aus Natur und Kultur der Eifel 2: 1-79.

Rahm G. (1922): Von Tieren und Pflanzen im Laacher See. In: Jungbluth A. (Hrsg.). Laacher See. Rhein. Heimatbücher 5: 36-83.

Rahm G. (1923): Pflanzen vom Laacher See und seiner Umgebung. Aus Natur und Kultur der Eifel 6: 1-76.

Raschi A., Miglietta F., Tognetti R., van Gardingen P. R. (1997): Plant responses to elevated CO_2. Evidence from natural springs. Cambridge University Press, Cambridge.

Raschi A., Vaccari F. P., Miglietta F. (1999): Ecosystem response to CO_2: The MAPLE project results. Research Directorate-General. European Commission EUR 19100, Luxembourg.

Santoli V. M. (1783): De mephiti et vallibus anxanti. Napoli, 107 p.

Saßmannshausen F., Pfanz H. (2008): Mofette vegetation – a reaction to geogenic CO_2? TAO, eingereicht.

Schmincke H.-U. (2002): Tanz auf dem Vulkan. Goethe und die Entfaltung der Vulkanologie als Wissenschaft. In: Steiniger F. F., Kossatz-Pompe A. (Hrsg.). Senckenberg, Goethe und die Naturwissenschaften., Kleine Senckenberg Reihe 44, 119-176.

Schmincke H.-U. (2000): Vulkanismus. Wissenschaftliche Buchgesellschaft, Darmstadt.

Selvi F. (1998): Flora of the mineral CO_2-spring „Bossoleto“ (Rapolano Terme, Tuscany) and its relevance to ecological research. Atti. Soc. Tosc. Sci. Nat. Mem. Serie B, 105, 23-30.

Sigvaldson G. (1989): International Conference on Lake Nyos Disaster, Yaounde, Cameroon 16-20 March 1987:Conclusions and recommendations. In. Le Guern F., Sigvaldson G. eds): The lake Nyos event and natural CO_2 degassing. I. J. Volcanolog. Geotherm. Res. 39: 97-10.

Simper G. (2005): Vulkanismus verstehen und erleben. Feuerland Verlag, Stuttgart.

Stager C. (1987): Silent death at Cameroon’s killer lake. National Geographic, Sept. Vol. pp, 404-420.

Steinbach J. (2002): Führer zum Laacher See an der Hand der Sage und Geschichte. Nachdruck der Ausgabe von 1880, Neuwied und Leipzig, Kari Verlag, Andernach.

Stoffels M., Thein J. (2000): Die Mineral- und Heilquellen der Region Brohl-tal/Laacher See. Görres Verlag, Koblenz.

Stowasser (1994): Lateinisch-deutsches Schulwörterbuch. HPT-Medien AG, Oldenbourg Verlag, München.

Stubbe K. (2002): Wirkungen geogener CO_2-Exhalationen auf Physiologie und Wachstum von Phacelia tanacetifolia. Untersuchungen an einem Standort in der Eifel. Diplomarbeit AG Prof. Pfanz, Universität Duisburg-Essen.

Stupfel M., Le Guern F. (1989): Are there biochemical criteria to assess an acute carbon dioxide intoxication by a volcanic emission? J. Volcan. Geothermal Research 39: 247-264.

Stutzel H. (2006): Pflanzendünger aus der Pipeline. Berliner Zeitung vom 6.6.2006, p 15.

Tabernaemontanus J. T. (1593): Neuw Wasserschatz. Das ist: Von allen heylsamen metallischen minerischen Bädern und Wässern ... eygentliche Beschreibung sampt derselben Gehalt, Krafft und Wirkung. Frankfurt am Main.

Takai K., Nakagawa S., Reysenbach A.-L., Hoek J. (2006): Microbial ecology of mid-ocean ridges and back-arc basins. Back Arc Spreading Systems; Geological, biological, chemical and physical interactions. Amer. Geophys. Union, Washington DC, 185-213.

Tank V., Pfanz H., Gemperlein H., Strobl P. (2003): Infrared and hyperspectral remote sensing of Earth degassing. In: Proceedings of ECGG7 (2003): 53-54. Copernicus GmbH.

Tank V., Pfanz H., Gemperlein H., Strobl P. (2005): Infrared remote sensing of Earth degassing – ground study. Annals of Geophysics 48: 181-194.

Tank V., Pfanz H., Kick H. (2007): Minimal thermal change detection for mofette gas emission detection and quantification. Journal of Volcanology and Geothermal Research, im Druck.

Turk B., Pfanz H., Vodnik D., Batiĉ F., Sinkoviĉ T. (2002): The effects ofelevated CO_2 in natural CO_2 springs on bog rush (Juncus effusus L.) plants. I. Effects on shoot anatomy. Phyton 42: 13-23.

Vaselli O., Capaccioni B., Tedesco D., Tassi F., Yalire M. M., Kasereka M. C. (2002/2003): The „Evil's winds" (Mazukus) at Nyiragongo volcano (DR Congo). Acta Vucanologica 14-15 (1-2), 123-128.

Vodnik D., Turk B., Pfanz H., Batiĉ F., Wittmann C., Kaligariĉ M., Zupan G. (2001): Rast in delovanje rastlin pri povecanih koncentracijah oglikovega dioksida ob naravnih virih CO_2. (Plant growth and functioning at elevated CO_2 concentrations near natural CO_2 spring). Proceedings of the Slovenian Congress on elevated CO_2. In: Komaĉ, M. (ed.).Varstvo zraka v Sloveniji. Ljubljana, pp 205-211.

Vodnik D., Pfanz H., Wittmann C., Maĉek I., Kastelec D., Turk B., Batiĉ F. (2002): Photosynthetic acclimation in plants growing near a carbon dioxide spring. Phyton 42: 239-244.

Vodnik D., Pfanz H., Maĉek I., Kastelec D., Lojen S., Batiĉ F. (2002): Photosynthesis of cockspur (Echinochloa crus-galli [L.] Beauv.) at sites of naturally elevated CO_2 concentration. Photosynthetica 40: 575-579.

Vodnik D., Kastelec D., Pfanz H., Maĉek I., Turk B. (2006): Small-scale spatial variation in soil CO_2 concentration in a natural carbon dioxide spring and related properties at the plant level. Geoderma, 133 (3-4), 309-319.

Vodnik D., Širĉelj H., Kastelec H., Maĉek I., Pfanz H., Batiĉ F. (2005): The effects of natural CO_2 enrichment on the growth of maize. In: Tuba Z (ed.): Ecological Responses and Adaptations of Crops to Rising Atmospheric Carbon Dioxide, Haworth Press, ISBN: 978-1-56022-120-3.

Vodnik D., Širĉelj H., Kastelec H., Maĉek I., Pfanz H., Batiĉ F. (2005): The effects of natural CO_2 enrichment on the growth of maize. Journal of Crop Improvement 13 (1/2), 193-212.

Walter G. A. (1922): Die geschichtliche Entwicklung der rheinischen Mineralfarbenindustrie. Essen.

Werne B., Thiel B. (1914): Kohlensäureausbrüche beim Steinkohlenbergbau in Niederschlesien, Südfrankreich und Mährisch-Ostrau. Z. f. Berg-, Hütten- und Salinenwesen im Deutschen Reich (62): 1-89.

Wolf T. (1868): Flora von Laach. Zum Gebrauch bei botanischen Exkursionen. Laach 1868. In: Häußling A. A., Leonhard J. (1983) (Hrsg.). Ars liturgica, Maria Laach, Germany, ISBN 3-9800882-2-7.

Wollmann E. (1942): Aufnahme und Abgabe des Kohlendioxids durch Wasser. Der Balneologe 9, 145-158 und 173-189.

Yang T. F., Fu G. H., Jiang J. H., Wang C. C., Lan D. F., Chen C.-H., Walia V., Sung Q. C. (2004): Composition and exhalation flux of gases from mud volcanoes in Taiwan. Environ. Geol. 46: 1003-1011.

Ziegler K., Sontheimer W. (1979): Der kleine Pauly. Lexikon der Antike. dtv-Verlag München.

Ziesing H. J. (2002): CO_2-Emissionen im Jahre 2001: Vom Einsparziel noch weit entfernt. DIW-Wochenbericht. 8/02, 137-143.

Weltgrößter Kaltwasser-Geysir auf dem Namedyer Werth, Andernach, im Geopark Vulkanland Eifel.